"十三五"国家重点出版物出版规划项目

高性能高分子材料丛书

原子力显微镜及聚合物微观结构与性能

王 东 著

科学出版社

北 京

内 容 简 介

本书为"高性能高分子材料丛书"之一。原子力显微镜是一种具有高空间分辨率,可在大气、真空及液体环境下用于研究各种物质表面结构和微区性能的表征设备,目前已成为研究聚合物微观结构与性能的最重要的工具之一。本书共9章,全面地介绍了原子力显微镜的发展历史、仪器学、基础及衍生成像模式的基本原理,以及这些成像模式在解决聚合物从单链构象到结晶结构、从纳米尺度黏弹性到复合材料界面调控等关键基础科学问题中的典型应用。

本书可作为从事聚合物相关领域的科研人员及相关专业研究生的教材或参考书,也可供从事生物、化学、材料等相关研究的科学技术人员参考。

图书在版编目(CIP)数据

原子力显微镜及聚合物微观结构与性能 / 王东著. —北京:科学出版社,2022.2

(高性能高分子材料丛书 / 蹇锡高总主编)

"十三五"国家重点出版物出版规划项目

ISBN 978-7-03-071409-1

Ⅰ. ①原… Ⅱ. ①王… Ⅲ. ①原子力学-显微镜-应用-聚合物-研究 Ⅳ. ①O63 ②TH742.9

中国版本图书馆 CIP 数据核字(2022)第 015787 号

丛书策划:翁靖一
责任编辑:翁靖一 孙 曼 / 责任校对:杜子昂
责任印制:赵 博 / 封面设计:东方人华

科 学 出 版 社 出版

北京东黄城根北街 16 号
邮政编码:100717
http://www.sciencep.com

北京中科印刷有限公司印刷
科学出版社发行 各地新华书店经销
*

2022 年 2 月第 一 版 开本:720 × 1000 1/16
2025 年 2 月第三次印刷 印张:11 1/2
字数:231 000

定价:139.00 元
(如有印装质量问题,我社负责调换)

总　序

自20世纪初，高分子概念被提出以来，高分子材料越来越多地走进人们的生活，成为材料科学中最具代表性和发展前途的一类材料。我国是高分子材料生产和消费大国，每年在该领域获得的授权专利数量已经居世界第一，相关材料应用的研究与开发也如火如荼。高分子材料现已成为现代工业和高新技术产业的重要基石，与材料科学、信息科学、生命科学和环境科学等前瞻领域的交叉与结合，在推动国民经济建设、促进人类科技文明的进步、改善人们的生活质量等方面发挥着重要的作用。

国家"十三五"规划显示，高分子材料作为新兴产业重要组成部分已纳入国家战略性新兴产业发展规划，并将列入国家重点专项规划，可见国家已从政策层面为高分子材料行业的大力发展提供了有力保障。然而，随着尖端科学技术的发展，高速飞行、火箭、宇宙航行、无线电、能源动力、海洋工程技术等的飞跃，人们对高分子材料提出了越来越高的要求，高性能高分子材料应运而生，作为国际高分子科学发展的前沿，应用前景极为广阔。高性能高分子材料，可替代金属作为结构材料，或用作高级复合材料的基体树脂，具有优异的力学性能。这类材料是航空航天、电子电气、交通运输、能源动力、国防军工及国家重大工程等领域的重要材料基础，也是现代科技发展的关键材料，对国家支柱产业的发展，尤其是国家安全的保障起着重要或关键的作用，其蓬勃发展对国民经济水平的提高也具有极大的促进作用。我国经济社会发展尤其是面临的产业升级以及新产业的形成和发展，对高性能高分子功能材料的迫切需求日益突出。例如，人类对环境问题和石化资源枯竭日益严重的担忧，必将有力地促进高效分离功能的高分子材料、生态与环境高分子材料的研发；近14亿人口的健康保健水平的提升和人口老龄化，将对生物医用材料和制品有着内在的巨大需求；高性能柔性高分子薄膜使电子产品发生了颠覆性的变化；等等。不难发现，当今和未来社会发展对高分子材料提出了诸多新的要求，包括高性能、多功能、节能环保等，以上要求对传统材料提出了巨大的挑战。通过对传统的通用高分子材料高性能化，特别是设计制备新型高性能高分子材料，有望获得传统高分子材料不具备的特殊优异性质，进而有望满足未来社会对高分子材料高性能、多功能化的要求。正因为如此，高性能高分子材料的基础科学研究和应用技术发展受到全世界各国政府、学术界、工业界的高度重视，已成为国际高分子科学发展的前沿及热点。

因此，对高性能高分子材料这一国际高分子科学前沿领域的原理、最新研究进展及未来展望进行全面、系统地整理和思考，形成完整的知识体系，对推动我国高性能高分子材料的大力发展，促进其在新能源、航空航天、生命健康等战略新兴领域的应用发展，具有重要的现实意义。高性能高分子材料的大力发展，也代表着当代国际高分子科学发展的主流和前沿，对实现可持续发展具有重要的现实意义和深远的指导意义。

为此，我接受科学出版社的邀请，组织活跃在科研第一线的近三十位优秀科学家积极撰写"高性能高分子材料丛书"，内容涵盖了高性能高分子领域的主要研究内容，尽可能反映出该领域最新发展水平，特别是紧密围绕着"高性能高分子材料"这一主题，区别于以往那些从橡胶、塑料、纤维的角度所出版过的相关图书，内容新颖、原创性较高。丛书邀请了我国高性能高分子材料领域的知名院士、"973"项目首席科学家、教育部"长江学者"特聘教授、国家杰出青年科学基金获得者等专家亲自参与编著，致力于将高性能高分子材料领域的基本科学问题，以及在多领域多方面应用探索形成的原始创新成果进行一次全面总结、归纳和提炼，同时期望能促进其在相应领域尽快实现产业化和大规模应用。

本套丛书于 2018 年获批为"十三五"国家重点出版物出版规划项目，具有学术水平高、涵盖面广、时效性强、引领性和实用性突出等特点，希望经得起时间和行业的检验。并且，希望本套丛书的出版能够有效促进高性能高分子材料及产业的发展，引领对此领域感兴趣的广大读者深入学习和研究，实现科学理论的总结与传承，科技成果的推广与普及传播。

最后，我衷心感谢积极支持并参与本套丛书编审工作的陈祥宝院士、李仲平院士、瞿金平院士、王玉忠院士、张立群院士、李光宪教授、郑强教授、王笃金研究员、杨小牛研究员、余木火教授、解孝林教授、王锦艳教授、张守海教授等专家学者。希望本套丛书的出版对我国高性能高分子材料的基础科学研究和大规模产业化应用及其持续健康发展起到积极的引领和推动作用，并有利于提升我国在该学科前沿领域的学术水平和国际地位，创造新的经济增长点，并为我国产业升级、提升国家核心竞争力提供该学科的理论支撑。

中国工程院院士

大连理工大学教授

　　原子力显微镜(AFM)是近代发明的扫描探针显微镜家族中应用最为广泛的一员。自 1986 年由 Binnig、Quate 和 Gerber 发明以来，因其具有高空间分辨率、灵活多样的操作模式和操作环境、可进行多参数多功能成像等优势，目前已成为研究聚合物微观结构与性能的常用工具，在一些领域甚至是不可或缺的表征技术。当今，各科研机构和高等院校已拥有相当大数量的 AFM 设备；相关课程也已经成为高年级本科生和研究生教育中的重要内容；随着我国近年来在聚合物科学研究领域的迅猛发展，AFM 应用必将得到进一步的普及。在这种情况下，作者确信，一本全面论述 AFM 基本原理及研究聚合物微观结构与微区性能的专著是从事相关科学技术研究的科研人员和专业师生所需要的。因此，作者基于多年来在这一领域的积累，同时在郑州大学张彬教授和北京化工大学刘瑶教授的共同帮助下撰写了本书，希望对同行的研究有所帮助。

　　全书共 9 章。第 1 章介绍扫描探针显微镜的发展历史和基本原理；第 2 章介绍 AFM 仪器学、探针-样品间相互作用力、成像原理、基础和各种衍生成像模式；第 3 章介绍轻敲模式在聚合物表面分子动力学、嵌段共聚物自组装、聚合物单链构象、聚合物刺激响应行为、聚合物界面反应动力学及聚合物次表面结构等六个研究领域的典型应用；第 4 章介绍接触力学、AFM 纳米力学图谱及其在聚合物纳米纤维、薄膜、共混物及复合材料研究中的应用；第 5 章介绍近年发展的几种 AFM 纳米流变技术原理及其在聚合物表面与界面领域的应用；第 6 章介绍新近发展的 AFM-IR 技术的基本原理及其在多组分聚合物体系中定性和定量分析、聚合物复合材料界面、聚合物老化、聚合物-药物相容性等领域的应用；第 7 章介绍几种典型 AFM 成像模式在研究高分子成核、结晶与熔融过程及结晶形态结构分析中的应用(张彬)；第 8 章介绍几种典型 AFM 成像模式在研究聚合物太阳能电池薄膜活性层形貌和电学特性中的应用(刘瑶、王东)；第 9 章介绍引起 AFM 假像与测量误差的原因及相应的解决方法，以及 AFM 样品制备。

　　作者特别感谢"高性能高分子材料丛书"总主编蹇锡高院士、常务副总主编张立群院士和副总主编、编委对书稿的选题、立项给予的指导和帮助！感谢科学出版社李锋总编辑、杨震分社长、翁靖一编辑和孙曼编辑对本书出版给予的支持和鼓励！本书的顺利完稿还得到了东京工业大学的梁晓斌博士和布鲁克公司孙万新博士及仇登利博士的倾力支持，在此一并表示深深的谢意！

　　由于作者学识有限，书中难免有疏漏或不足之处，恳请广大读者批评指正。

王　东

2021 年 9 月 30 日

目　录

第1章

1.1 显微镜发展简史

　　显微技术是人类认识材料微观结构的重要途径。从 17 世纪初光学显微镜（optical microscope，OM）的发明，到 20 世纪 30 年代的电子显微镜（electron microscope，EM），再到本章将要介绍的、诞生于 20 世纪 80 年代的扫描探针显微镜（scanning probe microscope，SPM），无一不体现了人类在探索物质结构领域的不懈努力。

　　眼睛是人类认识微观世界的第一台"光学仪器"。然而，由于构造上的限制，一般而言，人眼的空间分辨率（resolution）只能达到 0.2 mm，即当两个物体间距离小于 0.2 mm 时，肉眼就很难将其区分出来。光学显微镜的问世极大地扩展了人类的观察视野。1675 年，荷兰贸易商和生物学家安东尼·范·列文虎克（Antonie van Leeuwenhoek，1632—1723）利用光学显微镜首次观察到了微小的原生动物和红细胞，以此开启了人类使用仪器设备来研究分析微观世界的新纪元。此后，通过不断提高和改善透镜的性能，光学显微镜的放大倍数可达 1500 倍左右。光学显微镜的发明，极大地扩展了人类的观察视野，是人类认识物质世界的一次巨大突破。因此光学显微镜被称为第一代显微镜。根据光学成像的原理，显微镜的分辨率取决于可见光的波长。而可见光的波长范围为 400～760 nm，因此，光学显微镜的理论最高分辨率大约为 200 nm，其观察能力仅局限在细胞尺寸的水平上[1-3]。

　　由光学成像理论可知，为进一步提高显微镜的分辨率，唯有利用波长更短的光源成像。20 世纪 20 年代电子波粒二象性概念的提出，使人们寻找到了波长更短的"光"——电子，同时电子在磁场中运动的理论为电子束聚焦提供了理论依据。在此基础上，1931 年，马克斯·克诺尔（Max Knoll，1897—1969）和恩斯特·鲁斯卡（Ernst Ruska，1906—1988）制成第一台二级电子光学放大镜，实现了电子显微镜的技术原理。再经过对仪器的不断改进，1933 年，鲁斯卡等获得了铝箔和棉丝的放大率为 12000 倍的图像，制造出了世界上第一台透射电子显微镜(transmission electron microscope，TEM)。此后，扫描电子显微镜(scanning electron microscope，SEM)等也相继被制造出来并实现了商业化。电子显微镜通过电子束而不是光束进行成像，突破了光源波长的限制，其空间分辨率可达 0.1 nm。电子显微镜的高分辨率、可与其他技术联用的优势，使其在材料学、物理、化学和生物学等领域有着广泛的应用，是 20 世纪最重要的发明之一，被称为第二代显微镜。鲁斯卡由于在电子光学的基础研究和设计电子显微镜方面的杰出贡献，获得了 1986 年诺贝尔物理学奖。

20 世纪微电子学的快速发展迫切需要具有更高分辨率的显微表征技术。例如，从分子、原子尺度认识材料的微观结构并理解其与材料性能间的相互关系。电子显微镜虽然具有很高的分辨率，但 20 世纪 80 年代时还远未达到原子级分辨率。1981 年，IBM 苏黎世实验室的物理学家格尔德·宾宁(Gerd Binnig，1947—)和海因里希·罗雷尔(Heinrich Rohrer，1933—2013)利用全新的显微镜工作原理——电子隧道效应，制造出了放大倍数可达 3 亿倍、侧向分辨率可达 0.01 nm 的新型显微镜——扫描隧道显微镜(scanning tunneling microscope，STM)[4,5]，从而使人类首次能够真正实时地观测到单个原子在物体表面的排列方式以及与表面电子行为有关的物理、化学性质。然而，STM 的信号是由导电探针针尖与样品之间的隧道电流变化决定的，所以该技术只能研究导体或半导体样品。为了克服对样品导电性的限制，Binnig 等在 STM 的基础上，于 1986 年成功研制了原子力显微镜(atomic force microscope，AFM)[6]。AFM 通过探测微小探针针尖与被测样品表面间微弱的相互作用力来获得物质表面形貌与性能信息，从而不再受样品导电性的限制，且侧向分辨率可达 0.1 nm。随后，在 STM 和 AFM 工作原理基础上，相继发展出了用于表征其他表面性能信息的一系列显微技术(表 1.1)。例如，用于表征表面光学性能的扫描近场光学显微镜(scanning near-field optical microscope，SNOM)、用于表征表面磁学性能的磁力显微镜(magnetic force microscope，MFM)、用于表征电学性能的扫描电化学显微镜(scanning electrochemical microscope，SECM)及用于表征表面热学性能的扫描热显微镜(scanning thermal microscope，SThM)等。这些显微技术均是利用尖细的针尖对样品表面进行扫描，进而获取表面形貌和性能信息，因此统称为扫描探针显微镜(SPM)。SPM 的问世是表面科学研究领域的一次里程碑式的进步，其原子级的分辨率使人们从此真正"看到"了材料表面的原子像、分子在基底的组装结构，以及实现了对原子/分子的操控，对纳米科技的发展起到了极大的推动作用，被称为第三代显微镜。宾宁和罗雷尔由于设计出 STM 的杰出贡献，与鲁斯卡共同获得 1986 年诺贝尔物理学奖。

表 1.1　扫描探针显微镜家族的发展历史[7-20]

年份	扫描探针显微镜名称	检测信号
1981	扫描隧道显微镜(scanning tunneling microscope, STM)	探针针尖-样品间的隧道电流
1982	扫描近场光学显微镜 (scanning near-field optical microscope, SNOM)	近场的光辐射
1985	扫描电容显微镜(scanning capacitance microscope, SCM)	针尖与样品之间的电容值
1986	原子力显微镜(atomic force microscope, AFM)	针尖-样品间的相互作用力
1986	扫描热显微镜(scanning thermal microscope, SThM)	热量
1987	磁力显微镜(magnetic force microscope, MFM)	磁性探针-样品间的磁力
1987	静电力显微镜(electrostatic force microscope, EFM)	带电荷探针-带电样品间静电力
1987	摩擦力显微镜(friction force microscope, FFM)	针尖-样品间摩擦力
1988	弹道电子发射显微镜 (ballistic electron emission microscope, BEEM)	肖特基势
1989	扫描离子电导显微镜 (scanning ion-conductance microscope, SICM)	离子电流
1989	扫描电化学显微镜 (scanning electrochemical microscope, SECM)	电化学电流
1991	开尔文探针力显微镜 (Kelvin probe force microscope, KPFM)	样品的表面电势值
1992	压电力显微镜(piezoresponse force microscope, PFM)	压电材料的压电反应
1993	导电原子力显微镜 (conductive atomic force microscope, c-AFM)	电流
1999	原子力显微镜-红外光谱 (atomic force microscope-infrared spectroscopy, AFM-IR)	红外吸收
2004	光导原子力显微镜 (photoconductive atomic force microscope, pc-AFM)	光电流

1.2　扫描探针显微镜的工作原理　　≪≪≪

SPM 是利用尖锐的探针针尖对样品表面进行扫描以获取形貌和性能信息

的一类显微镜的统称。与光学和电子显微镜的成像原理不同，SPM 成像的分辨率不再受光源或电子波长的限制，而主要取决于探针针尖的锐度。这类显微镜具有共同的工作原理，如图 1.1 所示，即 SPM 工作时，探针和样品做相对运动，可以是探针运动，也可以是样品运动。依工作模式的不同，探针针尖与样品间可以是接触的，也可以不接触。通过检测探针针尖与样品间产生的不同物理信息，如力、电流等，进而利用反馈回路调节针尖与样品间距离，获取样品的表面形貌和性能信息。依据检测物理信息的不同，发展出不同类型的 SPM 表征技术。

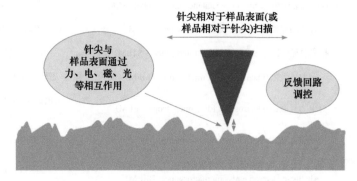

图 1.1   扫描探针显微镜的工作原理

SPM 均由相似的系统组成，主要包括探针扫描系统、性质检测与反馈控制系统、显示系统及隔振降噪系统[2]。因 SPM 家族的发展起源于扫描隧道显微镜（STM），本节将以 STM 为例阐明其工作原理。如图 1.2 所示，STM 工作过程中，首先利用可以精确控制探针（或样品）位移的压电陶瓷扫描管将导电探针针尖和样品（导体或半导体）间距离减小至几纳米至几埃，使针尖尖端与样品表面之间的电子云发生重叠。此时若在探针和样品间施加偏压，就可以检测到由量子隧道效应产生的隧道电流。该电流的大小与针尖和样品之间的距离呈指数衰减关系，因此 STM 对样品表面的微小形貌变化十分敏感。即使只有原子尺度的起伏，也可通过隧道电流的变化显示出来。STM 工作过程中，通过检测隧道电流的变化，从而记录物体表面的高低起伏信息。将这些信息再经处理后就可以在显示系统上获得物体表面的形貌图像。

STM 有两种基本工作模式：恒流模式和恒高模式（图 1.3）。①恒流模式：即在扫描过程中保持隧道电流 I 恒定。隧道电流 I 对针尖与样品间距离变化十分灵敏。当样品表面高度有起伏时，为了保持隧道电流 I 不变，必须保持针尖和样品表面间局部高度不变，因而在反馈回路控制下，针尖会随着样品表面的高低起伏而做相同的起伏运动。记录探针高度 z 沿 x、y 方向的变化，样品表面

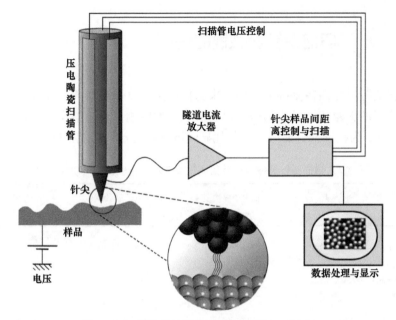

图 1.2　扫描隧道显微镜的系统组成及工作原理

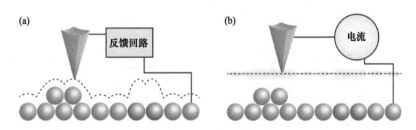

图 1.3　扫描隧道显微镜的工作模式

(a)恒流模式；(b)恒高模式

形貌(高度)信息也就由此反映出来。②恒高模式：即在扫描过程中保持针尖和样品表面间距离恒定。样品表面高度有变化，导致针尖和样品表面间距离变化，隧道电流 I 也随之变化，从而可通过记录电流的变化获取样品表面形貌的信息。由于在恒高模式中扫描信号控制不需经过反馈回路，因此在恒高模式下可以获得较快的扫描速率。该模式仅适用于样品表面高度起伏不大的样品。恒流模式中，由于反馈回路的存在，扫描探针可以根据样品形貌变化进行相应调整，所得图像能够直接反映样品表面的形貌信息，因此它已成为目前 STM 成像的常用工作模式。

其他类型的 SPM 主要是反馈变量的不同(如针尖与样品间的相互作用力等)，基本工作原理均与 STM 相似，即都是通过检测探针针尖和样品表面间的某种相互作用获取样品表面形貌和性能信息。

1.3 扫描探针显微镜的特点 ◀◀◀

在扫描隧道显微镜基础上发展起来的扫描探针显微镜目前已经成为拥有几十种功能模式的大家族，已成为微纳尺度形貌、物性测量及微纳操作的最常用表征手段。表 1.2 为扫描探针显微镜与其他显微镜技术的各项性能指标比较。

表 1.2　扫描探针显微镜与其他显微镜技术的各项性能与功能比较

性能和功能指标	光学显微镜(OM)	扫描电子显微镜(SEM)	透射电子显微镜(TEM)	扫描探针显微镜(SPM)
分辨率	200 nm	1 nm	原子级(0.1 nm)	原子级(侧向 0.1 nm；纵向 0.01 nm)
工作和样品环境	大气、溶液、真空	通常高真空	通常高真空	大气、溶液、真空
样品温度	室温至高温	通常室温	通常室温	$-20\sim200\,^{\circ}\mathrm{C}$
对样品损伤程度	无	小	有	无
检测深度	表面及本体	样品表面(对于二次电子像，约 10 nm)	本体(一般厚度小于 100 nm)	一般为样品表面
性能检测	不能	较难	较难	可进行力、电、热等性能测试
化学分析	通常无	有	有	有
成像速度	快	快	较快	一般较慢
数据解释	容易	较容易	较容易	比较复杂

由表 1.2 的比较分析可以看出，SPM 与其他显微镜技术相比有着明显的特色，具体表现在以下几个方面。

(1) SPM 具有原子级的高分辨率。SPM 的侧向分辨率可达 0.1 nm，纵向分辨率达 0.01 nm，因此利用 SPM 可以较容易地"看到"原子。这是一般显微镜甚至电子显微镜所难以达到的。

(2) SPM 可以获得样品表面的实时、实空间高分辨三维图像。一般情况下利用传统的光学显微镜和电子显微镜只能获得二维图像。

(3) SPM 的工作和样品环境较为宽松，既可以在大气环境下，又可以在真空中，甚至在低温、高温、溶液中也可以工作。电子显微镜等仪器对使用环境要求较为苛刻，样品一般需要安置在高真空中。

(4) SPM 不仅可以成像，还可以进行纳米级操控及加工。例如，利用针尖与原子间的相互作用，可以实现对原子的拖拉、推移和吸附，从而实现对原子、分子的操控。利用 SPM 作为加工工具，可以实现对物体表面的刻写、刻蚀及刮擦等。

(5) SPM 还可实现对材料物理化学性质等微区性能的表征。电子显微镜极难或不能进行材料性能的测试。

(6) 就仪器本身而言，SPM 具有设备价格相对低廉、体积小、对安装环境要求较低、日常维护和运行费用也较低等特点。样品方面，SPM 对样品无特殊要求、制样相对容易。

SPM 的不足及需进一步改善的地方表现如下。

(1) 针尖锐度。SPM 是通过记录探针在样品表面上进行扫描时的运动轨迹来获得样品的表面形貌。因此，所用探针针尖的几何结构（如形状、曲率半径等）将极大地影响成像的质量，有时还会造成图像的失真。

(2) 成像速度。由 SPM 的工作原理可以知道，SPM 是基于机械扫描的显微镜，其成像速度必然受制于机械结构的响应等因素，不可能像光学显微镜一样实时看到样品。因而，与光学和电子显微镜相比，SPM 的成像速度较慢。目前已开发出 15～25 帧/s（扫描面积：240 nm×240 nm，像素数：100×100）的高速原子力显微镜（high-speed atomic force microscope，HS-AFM）并应用于生物大分子的结构及动态行为研究[21]。

(3) 扫描范围。SPM 系统中目前普遍利用压电陶瓷控制探针或样品的三维运动进行扫描，而压电陶瓷的伸缩范围较小（100 μm 内），因此 SPM 的最大扫描范围通常小于 100 μm。该扫描范围有时无法满足工业生产的需要，因而其应用范围受到一定的限制。

(4) 定位精度。压电陶瓷在确保定位精度的前提下运动范围较小，而机械调节精度又很难与之有效衔接，因此 SPM 不能像电子显微镜那样进行连续大范围变焦，存在定位和寻找特征结构比较困难等不足。

(5) 样品表面粗糙度。目前 SPM 系统中普遍使用的是管状压电陶瓷扫描器，其纵向伸缩范围一般比水平横向要低一个数量级。SPM 工作时，压电陶瓷扫描器随样品表面高低起伏而伸缩，此时如果被测样品表面的高度起伏超出了压电陶瓷扫描器的纵向伸缩范围，就会导致 SPM 系统无法正常工作，甚至损坏探针。因此，SPM 对被测样品表面的粗糙度有一定的要求。

尽管如此，由于具有高空间分辨率、微区性能测定及纳米操控和加工能力，加上设备使用相对简单、制样相对容易等优势，SPM 技术一经发明，就在很短的时间内在物理学、化学、材料科学、生物医学、微电子学和环境科学等各个学科领域得到极为广泛的应用，成为微纳尺度形貌表征、物性测量及微纳操控的不可或缺的重要测试工具，极大地推动了纳米科技的快速发展[22-31]。

参 考 文 献

[1]　Meyer E, Hug H J, Bennewitz R. Scanning Probe Microscopy. Berlin: Springer-Verlag, 2004.

[2]　彭昌盛, 宋少先, 谷庆宝. 扫描探针显微技术理论与应用. 北京: 化学工业出版社, 2007.

[3]　Bert V. Scanning Probe Microscopy. Berlin: Springer-Verlag, 2015.

[4]　Binnig G, Rohrer H, Gerber C, et al. Surface studies by scanning tunneling microscopy. Phys Rev Lett, 1982, 49: 57-61.

[5]　白春礼. 扫描隧道显微术及其应用. 上海: 上海科技出版社, 1992.

[6]　Binnig G, Quate C F, Gerber C. Atomic force microscope. Phys Rev Lett, 1986, 56: 930-933.

[7]　Pohl W D. Optical near field scanning microscope: EP 0112401 B1, 1982.

[8]　Matey J R, Blanc J. Scanning capacitance microscopy. J Appl Phys, 1985, 57: 1437-1444.

[9]　Williams C C, Wickramasinghe H K. Scanning thermal profiler. Appl Phys Lett, 1986, 49: 1587-1589.

[10]　Martin Y, Wickramasinghe H K. Magnetic imaging by "force microscopy" with 1000 Å resolution. Appl Phys Lett, 1987, 50: 1455-1457.

[11]　Martin Y, Williams C C, Wickramasinghe H K. Atomic force microscope-force mapping and profiling on a sub100-Å scale. J Appl Phys, 1987, 61: 4723-4729.

[12]　Mate C M, McClelland G M, Erlandsson R, et al. Atomic scale friction of a tungsten tip on a graphite surface. Phys Rev Lett, 1987, 59: 1942-1945.

[13]　Kaiser W J, Bell L D. Direct investigation of subsurface interface electronic structure by ballistic-electron-emission microscopy. Phys Rev Lett, 1988, 60: 1406-1409.

[14]　Hansma P K, Drake B, Marti O, et al. The scanning ion-conductance microscope. Science, 1989, 243: 641-643.

[15]　Hüsser O E, Craston D H, Bard A J. Scanning electrochemical microscopy: high-resolution deposition and etching of metals. J Electrochem Soc, 1989, 136: 3222-3229.

[16]　Nonnenmacher M, O'Boyle M P, Wickramasinghe H K. Kelvin probe force microscopy. Appl Phys Lett, 1991, 58: 2921-2923.

[17]　Güthner P, Dransfeld K. Local poling of ferroelectric polymers by scanning force microscopy. Appl Phys Lett, 1992, 61: 1137-1139.

[18]　Murrell M P, Welland M E, O'Shea S J, et al. Spatially resolved electrical measurements of SiO_2 gate oxides using atomic force microscopy. Appl Phys Lett, 1993, 62: 786-788.

[19]　Hammiche A, Pollock H M, Reading M, et al. Photothermal FT-IR spectroscopy: a step towards FT-IR microscopy at a resolution better than the diffraction limit. Applied Spectroscopy, 1999, 53: 810-815.

[20]　Kemerink M, Timpanaro S, de Kok M M, et al. Three-dimensional inhomogeneities in PEDOT: PSS films. J Phys Chem B, 2004, 108: 18820-18825.

[21]　Ando T. High-speed atomic force microscopy. Microscopy, 2013, 62: 81-93.

[22]　Wiesendanger R. Scanning Probe Microscopy and Spectroscopy: Methods and Applications. New York: Cambridge University Press, 1994.

[23]　Loos J. The art of SPM: scanning probe microscopy in materials science. Adv Mater, 2005, 17: 1821-1833.

[24]　Bhushan B. Scanning Probe Microscopy in Nanoscience and Nanotechnology. Berlin: Springer-Verlag, 2010.

[25] Poggi M A, Gadsby E D, Bottomley L A, et al. Scanning probe microscopy. Anal Chem, 2004, 76: 3429-3444.

[26] Wickramasinghe H K. Progress in scanning probe microscopy. Acta Materialia, 2000, 48: 347-358.

[27] Gewirth A A, Niece B K. Electrochemical applications of *in situ* scanning probe microscopy. Chem Rev, 1997, 97: 1129-1162.

[28] Hui F, Lanza M. Scanning probe microscopy for advanced nanoelectronics. Nature Electronics, 2019, 2: 221-229.

[29] Tsukruk V V, Singamaneni S. Scanning Probe Microscopy of Soft Matter: Fundamentals and Practices. Weinheim: Wiley-VCH, 2011.

[30] Tseng A A, Notargiacomo A, Chen T P. Nanofabrication by scanning probe microscope lithography: a review. J Vac Sci Technol B, 2005, 23: 877-894.

[31] Nyffenegger R M, Penner R M. Nanometer-scale surface modification using the scanning probe microscope: progress since 1991. Chem Rev, 1997, 97: 1195-1230.

第2章

原子力显微镜

扫描隧道显微镜(STM)是扫描探针显微镜(SPM)家族中诞生最早的成员。然而，由于 STM 是通过监测探针针尖与样品之间隧道电流的变化获取表面形貌和电子结构性质的信息，因此只能用于导体和半导体样品的研究。对于聚合物和生物大分子等绝缘体样品，STM 的应用则受到极大限制。为了弥补这一缺陷，1986 年 Binnig、Quate 和 Gerber 在 STM 的基础上发明了第一台原子力显微镜 (AFM)[1]。与 STM 的成像原理不同，AFM 是通过监测探针针尖与样品之间相互作用力的变化来获取样品表面的形貌与性能信息。由于 AFM 对样品的导电性没有限制，其应用更加广泛。目前 AFM 已经成为 SPM 家族中应用最为广泛的一员。

2.1 　仪器结构与成像原理

与第 1 章 1.2 节中所述 STM 仪器结构相似，AFM 结构主要包括探针扫描系统、力检测与反馈控制系统、显示系统及隔振降噪系统[2,3]。图 2.1 为目前商业化 AFM 的基本结构和成像原理示意图。探针微悬臂的一端固定于压电陶瓷扫描器。当给压电陶瓷施加电压时，扫描器伸长，从而带动探针向样品逐渐接近(也可将样品固定于压电陶瓷扫描器上，由扫描器带动样品向探针逐渐接近)。当探针针尖与样品表面间的距离减小到几纳米至几埃或两者发生相互接触时，相应地，针尖与样品间会产生微弱的相互作用力(可以为引力，也可以为斥力)。由于微悬臂对微弱力的作用非常敏感，在扫描过程中可以通过控制扫描器的伸长与收缩使微悬臂所受作用力保持恒定。进一步通过连续记录扫描器运动到$(x、y)$时 z 轴位置的变化，从而获得样品的表面形貌信息。AFM 的成像原理与利用一支铅笔进行"描图"有些相似。AFM 探针针尖即为铅笔的笔尖。笔尖在手的操控下将画纸下方的图描绘出来，而针尖在扫描器的操控下将样品表面的形貌"描绘"出来。然而，与利用铅笔绘图不同的是，扫描过程中探针针尖与样品间的相互作用力要小得多，否则会造成样品的破坏。

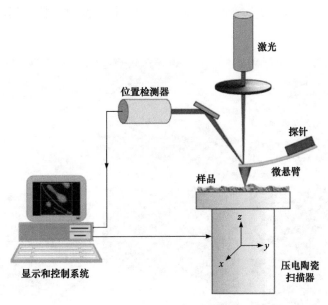

图 2.1　AFM 仪器结构示意图

2.1.1　探针扫描系统

探针扫描系统是 AFM 的技术核心。扫描器具有极高的空间定位精度(侧向 0.1 nm，纵向 0.01 nm)，从而使 AFM 不但具有极高的空间分辨率，而且具有极高的操控和加工精度。探针微悬臂对力的作用极为灵敏，即使受到皮牛级微小的作用力，微悬臂也能产生可被检测的形变。探针针尖的形状、尺寸及表面性质可控，从而使 AFM 不仅可实现高分辨成像，而且可进行材料表面物理化学性能的研究。

1. 探针

AFM 利用探针"摸索"样品表面成像。探针由微悬臂及其末端尖锐的针尖组成，材质为硅或氮化硅。微悬臂连接基座与针尖，作为力信号的传感器反映针尖与样品间相互作用力的变化。为了提高微悬臂对激光的反射率，其背面通常镀有一层薄的金或铝等金属层。微悬臂通常有两种基本的几何形状，矩形微悬臂和三角形微悬臂，如图 2.2(a)和(b)所示。矩形微悬臂厚度一般比三角形微悬臂大，具有较高的弹性系数(0.1～500 N/m)和固有的共振频率(10～500 kHz)，常用于轻敲模式。足够大的弹性系数可以使探针在每次循环敲击样品时易于从其表面回复，不至于被黏附到样品表面上。三角形微悬臂往往比较薄，因而具有较低的弹性系数，常用于接触模式，以减少针尖对样品表面的损伤。三角形结构的设计使其对侧向力/扭转力不敏感，从而可减弱扫描样品时的扭转运动，提高扫描稳定性。

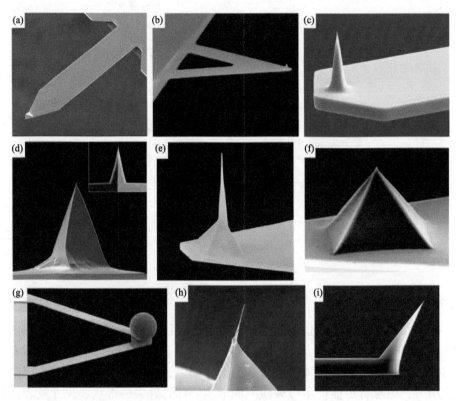

图 2.2　矩形(a)和三角形(b)微悬臂；圆锥形(c)、金字塔形(d)、高长径比(e)、四棱锥形(f)、胶体球(g)、碳纳米管(h)针尖；(i)具有导电功能并容易进行定位的针尖

弹性系数(k)是微悬臂的一个重要参量。k 值决定了针尖与样品间相互作用力大小与微悬臂在垂直方向偏移量之间的定量关系。弹性系数较小的微悬臂在同样力的作用下偏转更多，对力的反应更灵敏。然而，弹性系数越小的微悬臂其共振频率一般也越低，在成像带宽范围内的噪声有可能会更大。所以在 AFM 应用中，不能一味追求低弹性系数来提高力灵敏度。弹性系数的获取可参考本书第 9 章(9.6.2 节)。

针尖几何形状对于 AFM 的成像质量起着至关重要的作用，并决定了图像最高可达到的分辨率。针尖几何形状对 AFM 图像质量及分辨率的影响可参见本书第 9 章(9.1 节与 9.5 节)内容。针尖的几何参数主要包括针尖曲率半径、侧向角及长径比等。图 2.2(c)～(i)为具有不同形状、曲率半径及长径比的针尖。针尖曲率半径越小，AFM 图像所能达到的侧向分辨率越高。当样品沿垂直方向的特征结构尺寸较大时，除了曲率半径外，针尖的侧向角及长径比也对能否获取真实微观结构有重要影响。较小的曲率半径和侧向角、较大的长径比有利于精确追踪具有表面凹槽和凸起微观结构的样品。然而，当使用超尖的针尖或者具有高长径比的针尖扫描时，尤其需要严格控制施加在针尖上的力，否则容易损坏针尖。

另外，为了满足一些特定的测试需要，探针针尖可以根据需求定制。例如，为了测量聚合物水凝胶的力学性质或聚合物表面黏结行为，往往采用胶体探针[图 2.2(g)][4-6]。胶体探针是通过在无针尖的微悬臂末端粘一个小球来实现的。为了提高 AFM 图像的分辨率，可以利用碳纳米管针尖[图 2.2(h)]进行扫描[7,8]。此外，还可对针尖表面进行化学改性以满足一定特殊研究的需要。不同的化学改性方式可使针尖具有不同的化学官能团，从而具有不同的物理和化学性质。利用这类探针可以研究改性后探针与样品表面的特殊力的相互作用行为[9-11]，例如，在针尖表面黏附抗原或抗体以通过抗原-抗体作用来进行分子识别，通过疏水化探针表面来延长探针保持尖锐的时间。

总之，目前探针种类繁多，不同型号的探针有着不同的特性和适用范围。探针的选择对于实现 AFM 精确测试至关重要。使用时应当根据待测样品以及要测试的信息选择具有合适结构和参数的探针，并在扫描过程中不断优化扫描参数。

2. 压电陶瓷扫描器

AFM 通过监测探针针尖与样品之间相互作用力随距离的变化进行高分辨成像和性能测试。而只有当针尖与样品间距离达到纳米至埃级别时，AFM 微悬臂才能感受到这种相互作用力。因此 AFM 结构设计中首先必须解决的两个问题就是：①如何实现高分辨成像，即侧向分辨率达到 0.1 nm，纵向分辨率达到 0.01 nm；②如何使针尖与样品间距离从肉眼可见的宏观距离缩短到能够发生力的相互作用的最近距离[2]。很显然，依赖常规的机械装置很难实现 AFM 的高分辨成像和定位，目前能够实现这些功能的装置只有压电陶瓷扫描器、电感线圈扫描器及三板电容器。由于压电陶瓷扫描器的响应速度相对于其他两种更快，从而成为目前商业化 AFM 的主流。少数 AFM 采用电感线圈扫描器做侧向扫描、压电陶瓷扫描器做纵向扫描的方案。

扫描器的工作机制是基于压电材料的逆压电效应。AFM 所使用的压电材料是锆钛酸铅(PZT)。在外界电场作用下，压电材料会发生机械形变(伸长或者收缩)，这个过程称为逆压电效应，其形变量与电场强度的关系如式(2-1)所示。

$$S = d_t E \tag{2-1}$$

式中，S 为压电材料的形变量；d_t 为压电系数；E 为电场强度。压电材料在电场下的形变量很小，一般不超过自身尺寸的千万分之一。为了增大可控移动量，通常采用将多块压电材料成型在一起的方案来增大扫描器的机械移动范围。

压电陶瓷扫描器的常见形式为扫描管，由径向极化的压电陶瓷组成(图 2.3)。扫描管由 X、$-X$、Y、$-Y$ 和 Z 五个电极控制，以实现其在三个正交方向 x、y 和 z 方向的移动。通过对 Z 电极施加偏置电压，扫描管会发生膨胀或收缩，从而实现 z 方向上的可控位移。而对 X 或 Y 电极施加偏置电压时，扫描管将发生弯曲，从而实现 x 或 y 方向上的位移。由于探针在样品表面做光栅扫描，因此施加在 $X/-X$ 电极上的是一个三角波的电压，而施加在 y 方向的是一个单调递增或递减的电压。压电陶瓷扫描管的应用使得 AFM 侧向分辨率可达 0.1 nm、纵向分辨率达 0.01 nm；侧向的扫描范围可达 200 μm，在 z 方向上，根据不同应用设计成不同的扫描范围，高分辨成像 AFM 扫描范围一般不超过 5 μm，而生物型 AFM 为了扫描完整的细胞，其扫描范围可达 20 μm。

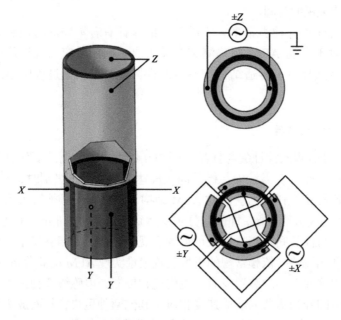

图 2.3　典型管式压电扫描器结构示意图和 X-Y-Z 电极布置

注意，AFM 扫描过程中控制的是探针与样品的相对运动，从而形成了常见的两种扫描方式：扫描样品和扫描探针。扫描样品的 AFM 在工作过程中样品做 x、y、z 三维运动，而探针相对样品保持不动。由于样品做三维运动，其质量受到了限制，如样品质量太大就会限制扫描器的动态响应。扫描样品的 AFM 相对容易实现高分辨成像。而扫描探针的 AFM 在工作过程中样品不动，探针

做 x、y、z 三维扫描。一般扫描探针的 AFM 可用于大尺寸样品测量，如扫描整片硅片。

2.1.2　力检测与反馈控制系统

AFM 通过力检测器来测量探针与样品间的相互作用力，并通过反馈控制系统控制针尖或样品的上下运动以保持该相互作用力恒定。

1. AFM 力检测器

AFM 通过检测微悬臂形变量来测量探针与样品间的相互作用力。这就需要检测系统至少要达到以下要求：足够高的检测灵敏度以实现对微小形变的检测，灵敏度至少要达到 100 pm；比较大的检测范围，往往需要几百纳米到 1 μm；检测带宽至少要达到 2 MHz，快速扫描 AFM 则需要达到 8～10 MHz。光反射法能够同时满足这三方面的要求，其工作原理如图 2.4 所示[12]。一束激光通过光学系统聚焦到微悬臂的末端，然后经微悬臂反射到一个四象限位置敏感检测器（position sensitive detector，PSD）上。微悬臂受力的作用发生弯曲，导致激光斑在检测器上产生位移，其大小正比于微悬臂偏转角度和从探针到检测器的光程。因此，一旦测得了光斑在检测器上的位移，就能通过式(2-2)计算出微悬臂的形变量：

$$z = \frac{l}{3d}\delta \tag{2-2}$$

式中，z 为微悬臂的形变量；l 为微悬臂的长度；d 为微悬臂与 PSD 的间距；δ 为 PSD 上光斑的偏移量。有了微悬臂的形变量，即可利用胡克定律求得作用力 F 的大小，即 $F = kz$，式中，k 为微悬臂弹性系数。

当针尖扫描样品表面时，针尖的上下或扭转运动会引起光斑在 PSD 上竖直或水平方向的移动，四象限位置敏感检测器则相应地会输出两路分别正比于竖直和水平方向位移的电压信号。由式(2-2)可知，通过缩短微悬臂长度或增大微悬臂与 PSD 的间距，就可增大微悬臂偏转灵敏度（deflection sensitivity）。目前通过光反射法可检测到针尖在垂直方向上小于 0.1 nm 的位移，从而可达到原子级分辨率。

激光光斑的大小对该方法的灵敏度和成像质量有影响。大的光斑直径有利于降低检测噪声以提高检测信噪比。但光斑直径不可超出微悬臂的宽度，否则漏过的激光将在样品表面发生反射，并可能与来自微悬臂的反射光发生干涉，从而导致在 AFM 图像里形成条纹状假像。因此，降低噪声的最佳解决方案是使光斑直径与微悬臂宽度相当。

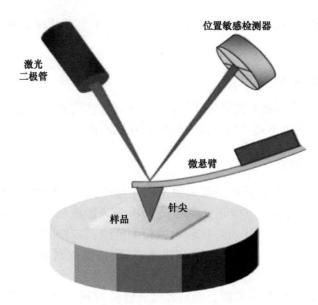

图 2.4　光反射法测定微悬臂形变量示意图

除了光反射法外，在 AFM 发展过程中还发展了其他检测微悬臂形变量的方法，包括隧道电流法[1]、电容法[13,14]、压敏电阻法[15,16]及光干涉法等[17,20]。但由于光反射法灵敏度高、简单可靠，目前已成为商业化 AFM 的主流检测方法。

2. 反馈控制系统

AFM 在扫描过程中通过反馈控制系统控制样品或探针的上下运动来维持二者间相互作用力恒定。不同的成像模式采用不同的探针-样品间相互作用力，这将在后续 2.3 节（AFM 基础成像模式）中做进一步讨论。然而无论哪种成像模式，反馈控制系统的目标都是把相应的探针-样品间相互作用力维持在一个用户设定的常数上。AFM 的反馈控制系统一般采用比例积分微分控制器 [proportional-integral-derivative（PID）controller]，其原理和调试方法在大量关于过程控制的专著里都有详细描述[21]。本节的目的是帮助 AFM 使用者理解 PID 控制器不同增益的物理意义来有效优化这些扫描参数，因此不对 PID 控制器的传递函数进行定量分析。

AFM 反馈控制系统首先测量扫描运行时探针-样品间相互作用力，并将其与设定值比较得出误差。然后 PID 控制器会根据误差的符号和大小来调整输出到纵向扫描器上的电压。误差的符号取决于探针-样品间相互作用力大于设定值还是小于设定值。自然地，差得越多，PID 控制器的调整量也越大。也就是说，调整量正比于误差，相应的比例系数就是控制器的比例增益（proportional gain）。通过对传递函数分析得出,如果只有比例增益,则反馈控制系统存在稳态误差,即探针-样品相互作用不能达到设定值。如果把误差在一段时间内的积分作为调整控制器输出的依据,就构成了 PID 控制器中的积分项。积分增益(integral gain)是指积分项的权重。积分增益越高,积分项的权重越大。通过对传递函数进行分析得出,单独积分项就可以消除稳态误差,即单独使用积分项 AFM 就能工作。微分项是把误差的微分作为 PID 控制器调节的依据。微分项对于误差本身来说不大,但对快速变化的误差有抑制作用。通俗地讲,就是微分项用于预先判断可能出现的误差,提前采取行动。由于 AFM 传感探针-样品相互作用的速度远远高于扫描器的反应速度,因此在 AFM 控制中微分项可以不用,或者可设置一个比较小的值。

关于积分增益和比例增益的调整,当积分增益比较小时,系统反应比较慢,被控量缓慢到达设定值,在较长一段时间内存在较大的误差。随着积分增益的提高,系统反应加快,达到一个临界增益时,被控量能够快速达到设定值,误差能够快速消失。继续增加积分增益,系统开始振荡。无论增益是否合适,系统最终能收敛到设定值,即达到零稳态误差。既然单独积分项就能消除稳态误差,为什么还要比例项呢? 增加比例项可以增加积分控制器的带宽。随着比例增益的增大,被控量能迅速到达设定值但不发生过冲现象。在 AFM 扫描过程中,一般先增加积分增益直到出现轻微振荡,然后增加比例增益以消除振荡。如果不能消除振荡,则再减小积分增益直到振荡消失。

2.1.3　隔振降噪系统

AFM 基于探针-样品间相互作用力来成像。环境干扰会引起探针-样品的相对位移,从而把干扰信息耦合到图像中,这些干扰包括地面振动、声波等。日常生活中较为普遍的干扰振动源有建筑物的振动(几十赫兹),一些电动工具如电钻的振动(可达几百赫兹),甚至人走动引起的振动(1~3 Hz)和声音(几百赫兹)等都可能影响 AFM 的成像质量[2]。环境振动是通过力耦合到 AFM 图像中的,一般低于 1 Hz 的振动对成像没有影响。同样振幅下,频率越高,加速度越大,影响也越大。在 AFM 设计过程中,要考虑 AFM 机械回路的刚度,刚度越大越不容易受到环境振动的影响。一般小型 AFM 的结构可以设计得更紧凑,刚度也就更高,在实际使用过程中也就不太容易受到环境的干扰。一些自动化程度高、可对大样品进行成像的 AFM,由于结构不紧凑,容易受到环境的干扰。除了提高刚度外,采用合适的振动隔离系统对 AFM 也是非常重要的。最常用的振动隔离系统就是气浮防振台,并配上隔音罩。近年来,主动式防振台能够承受的重量越来越大,反馈控制系统得到进一步优化,在大型 AFM 上使用得越来越多。不管是什么防振台,调好参数都很重要。使用 AFM 时,要确保振动隔离系统正常工作。例如,检查气浮防振台的每个支脚是否都已浮起，气体压强是否正常。主动式防振台重量是否平衡，隔振功能是否已经开启。除了这些常用的商业化系统外，悬挂弹簧法、平板弹性体堆垛法、减振沙箱等也可用于 AFM 的隔振降噪。这些系统简单易制，并且行之有效。

2.2 探针-样品间相互作用力　　　◄◄◄

当探针针尖与样品表面发生相互作用时，通常有几种力同时作用于微悬臂，包括范德瓦耳斯力(van der Waals force)、毛细力(capillary force)、静电力(electrostatic force)及短程斥力(short-range repulsive force)等[3,22,23]，其中最主要的是范德瓦耳斯力，它与针尖-样品表面原子间的距离关系近似符合 Lennard-Jones 势。如图 2.5 所示，当探针针尖远离样品表面时，二者间相互作用力很弱；而当针尖与样品逐渐接近时，二者间引力逐渐增大；随着针尖与样品间距离继续减小，二者间的斥力将开始抵消引力，并逐渐达到平衡；之后随针尖与样品间的距离进一步减小，二者间斥力急剧增加，范德瓦耳斯力也由负变正。

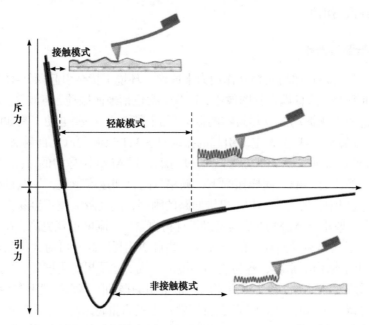

图 2.5   针尖-样品间距离与范德瓦耳斯力及 AFM 基础成像模式的关系

除了范德瓦耳斯力之外，毛细力和静电力对探针-样品间相互作用力也有重要影响。当被成像样品置于大气环境时，水分子(即使在低湿度下也有少量水分子)会吸附到样品上，从而导致在样品表面形成一薄层水膜。这一现象对亲水性的生物大分子、聚合物样品尤为明显。当 AFM 针尖(通常具有亲水性氧化硅表面)接近被水膜覆盖的样品表面时，针尖与样品间立即形成液桥(meniscus)[24]，如图 2.6 所示。这种液桥会在针尖和样品之间产生强吸引力，即毛细力，其本质是水分子与针尖和样品表面原子之间的范德瓦耳斯力[3]。

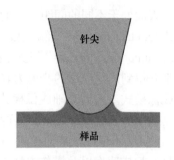

图 2.6　针尖-样品间液桥示意图

与无液桥的情况相比，毛细力的产生将增大 AFM 针尖从样品表面分离所需的力，其大小与样品的表面特性(针尖和样品表面的亲疏水性)、环境湿度、温度和针尖的几何形状紧密相关[25,26]。针尖与样品间的毛细力 F 可由拉普拉斯方程计算[27]：

$$F = \frac{4\pi Rr \cos\theta}{1 + (d/D)} \tag{2-3}$$

式中，R 为针尖半径；r 为液桥的 Kelvin 半径；θ 为水蒸气界面与针尖间的接触角；D 为针尖和样品表面之间的距离；d 为针尖延伸到液桥的长度。毛细力通常为几纳牛，但根据环境条件(湿度)以及针尖和样品表面的化学性质，可以达数十纳牛。

静电力或库仑力(Coulomb force)为带电或导电针尖与样品间存在电位差 V 时电荷间的相互作用力。当针尖半径为 R，针尖与样品间距离为 D，且 $R/D \gg 1$ 时，二者间静电力 F_{el} 为[22]

$$F_{el} = \pi\varepsilon_0 V U^2 \frac{R}{D} \tag{2-4}$$

式中，ε_0 为介电常数；U 为针尖与样品间电位差。当 $R/D \ll 1$ 时，二者间静电力 F_{el} 为

$$F_{el} = \pi\varepsilon_0 U^2 \left(\frac{R}{D}\right)^2 \tag{2-5}$$

当 R 为 100 nm，D 为 0.5 nm，U 为 1 V 时，由式(2-4)可得二者间 F_{el} 约为 6 nN。

2.3　AFM 基础成像模式　◀◀◀

利用 2.2 节中针尖与样品间距离和范德瓦耳斯力的关系，可以控制针尖与样

品表面处于不同的间距，从而实现 AFM 的三种基础成像模式(图 2.5)，即接触模式(contact mode)、轻敲模式(tapping mode，也称 intermittent contact mode，或 dynamic force mode)[28,29]及非接触模式(non-contact mode)[2-3]。此外，近年发展起来并得到广泛应用的峰值力轻敲模式(peakforce tapping mode)也是一种 AFM 基础成像模式。所谓基础成像模式是指模式本身有反馈信号，控制系统可以利用这个反馈信号来使探针"摸索"样品表面以获取形貌和性能信息。基础成像模式可以单独使用，不依赖于其他模式。由于每种模式利用的反馈信号不同，其在提供样品信息、扫描速率以及操作方法上各有特点，了解这些可以帮助使用者根据自己的应用选择合适的模式并在已选模式下优化扫描参数。

在接触模式下，AFM 利用微悬臂弯曲程度来测量探针与样品间的作用力，扫描过程中维持微悬臂弯曲程度不变。为了使反馈控制系统稳定，探针与样品间作用力需要和探针与样品间距离呈单调关系，绝大多数情况下接触模式工作在斥力区。在轻敲模式下，微悬臂在其共振频率附近振动，微悬臂的振幅与探针和样品间距离呈单调关系，距离越近，振幅越小。在扫描过程中 PID 控制器通过调整探针与样品间的距离来实现恒定的振幅。通常情况下，微悬臂振幅涵盖了斥力区和引力区。峰值力轻敲模式下，探针扫描过程中以远低于其共振频率上下振动，在每个周期内检测探针与样品间的峰值力，PID 控制器在扫描过程中维持恒定的峰值力。在整个振动周期，探针经历了引力区和斥力区，不过系统只用峰值力，即斥力作为反馈信号。在非接触模式下，微悬臂在其共振频率下振动，在引力梯度作用下共振频率发生偏移，通过检测振幅或相位来使探针在扫描过程中追踪样品表面。非接触模式工作在引力区。

2.3.1 接触模式

接触模式是 AFM 的常规操作模式，也是商业化 AFM 最早使用的成像模式。如图 2.5 所示，在扫描过程中，AFM 探针针尖与样品表面时刻保持接触状态，光电检测器通过检测微悬臂的偏移量，来检测探针与样品间的作用力。当样品表面升高时，探针与样品间作用力增大，PID 控制器会提高探针(或者降低样品，为了描述方便，本章以下内容用探针相对样品的运动来描述)来维持恒定的作用力。样品表面降低时，PID 控制器会降低探针以维持相互作用力恒定。在每一个 x、y 位置上把这种上下位移记录下来就形成了样品表面的形貌图。与 1.2 节中 STM 的恒流模式相似，接触模式可以在恒力模式下工作。如果样品表面比较平滑，扫描过程中也可以关闭反馈控制系统，把微悬臂的偏移量记录下来用于成像。该工作模式与 STM 的恒高模式相似，通常只适用于表面比较平滑的样品，扫描过程中不会出现太大的力，也不会出现探针脱离样品表面的现象。

　　AFM 在湿度高的大气环境下工作时，探针与样品间容易发生毛细现象。当探针不接触样品时，由于探针针尖曲率半径很小，水分子不易吸附。但是当探针和样品间形成锐利窄缝后，会引起水分子自发凝结(spontaneous condensation)。当微悬臂弹性系数小到一定程度时，毛细力占主导地位，此时微悬臂偏转不能反映出探针与样品间的相互作用力。对于一些低弹性模量的样品，如生物大分子，一般需要在液体中成像，以消除毛细力。

　　接触模式采用微悬臂偏转作为反馈信号，其对形貌变化的响应非常快，响应时间远小于 0.1 ms。所以与其他模式相比，接触模式的扫描速率快，操作简单。在探针磨损和样品损伤得到有效控制的情况下，接触模式可广泛用于聚合物微观结构与性能的测试。除了摩擦磨损性能外，接触模式在测量局域电导、电阻以及电容等方面有广泛的应用。

2.3.2　轻敲模式

　　在接触模式下，探针与样品间的侧向力一直存在，这是造成探针磨损和样品损伤的主要原因。轻敲模式则克服了这一劣势。在该模式下，探针在其共振频率或附近做受迫振动，振荡的针尖轻轻敲击样品表面，和样品间断地接触(图 2.5)。当探针远离样品时，探针基本上不受力，此时的振幅称为自由振幅。这时如果探针稍微远离或靠近样品，振幅不会发生变化。如果探针继续靠近样品，进入二者相互作用距离后，探针振幅则随着距离的缩短而减小。当探针完全压在样品上时，振幅为零。图 2.7 描述了轻敲模式下探针振幅与针尖-样品间距离的关系。轻敲模式要在图中 AB 范围内工作，探针的振幅会随着针尖-样品间距离的减小而单调快速变化。当探针扫到样品凸起部分时，针尖-样品间距离减小，振幅也随之减小，这时 PID 控制器将抬高探针以维持恒定的振幅。反之，当探针扫描到下凹的部分时，针尖-样品间距离增大，振幅也随之增大，这时 PID 控制器将降低探针以维持恒定的振幅。将探针上下运动的轨迹记录下来所形成的图像就是样品表面形貌图。在进行振幅设定值(setpoint)的选取时，如果选择太靠近图中 A 点，探针扫过凸起部分时，振幅减小，AFM 正常工作。而在扫过下凹部分时，振幅不能增加，不能产生误差信号，PID 控制器就不会让探针向下运动，此时 AFM 就不能正常工作。相似地，如果把振幅设定值取在图中 B 点附近，探针扫过凸起部分，振幅不会进一步减小，不能产生误差信号，AFM 也不能正常工作。如果把振幅设定值取在 AB 正中间，对误差产生最有利，但是此时探针与样品作用力最大，不利于保护探针和样品，同时也不利于实现高分辨成像。一般地，振幅设定值等于 A 点的 80%～90%时，AFM 工作状态最佳。

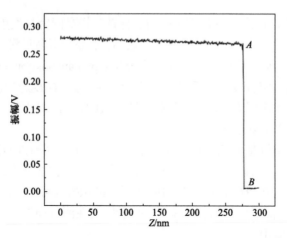

图 2.7　轻敲模式下探针振幅与针尖-样品间距离的关系

微悬臂的振动是通过外力驱动实现的，常用的驱动有声学驱动、磁驱动、电磁驱动及光驱动等。声学驱动是在探针夹靠近探针的地方埋入一块压电材料，在交变电压驱动下微悬臂振动。在给定电压下，通过扫描驱动频率搜寻共振频率。磁驱动是在微悬臂上镀上磁性材料，在探针附近加上一个交变磁场，和声学驱动一样，通过扫描磁场变化频率来找到共振频率。电磁驱动是在微悬臂内流过交变电流，在微悬臂附近加一个恒定的磁场，电流在磁场中受力引起微悬臂振动。光驱动是在微悬臂上照射一束脉冲激光，激光脉冲的重复率调至微悬臂的共振频率。由于光反射法检测微悬臂的偏转也需要激光，因此驱动微悬臂的脉冲光可采用波长更短的光源。几乎所有商业化的 AFM 都配备声学驱动，少数 AFM 在加装声学驱动的基础上增加了光驱动，而磁驱动和电磁驱动目前几乎不再使用了。

轻敲模式下,针尖与样品瞬时接触,二者间相互作用力很小,通常仅为 1 pN(牛皮)至 1 nN(纳牛)。这样就几乎消除了侧向力,从而有利于维持探针的尖锐程度和防止样品被针尖损坏,图像的分辨率自然也就提高了。这些优势使其尤其适用于聚合物、生物大分子等软样品的成像和性能研究。目前轻敲模式已成为应用最为广泛的一种成像模式。轻敲模式可以在大气环境和液体环境下工作,不适于在真空中工作,这是因为真空下微悬臂的品质因子太高,导致成像速度太慢。在液体环境中工作时,由于液体的阻尼作用,针尖与样品间的剪切力将更小,对样品的损伤也更小。所以轻敲模式可以在液体环境中对活性样品、反应等进行原位表征分析。但需要注意的是,液体中轻敲模式成像会因为样品表面液化膜的存在而可能使图像失真。

相比于接触模式,轻敲模式不仅可以得到样品表面的形貌图,还可得到相位信息，即敲击模式的相位成像 (phase imaging)[30-32]。当针尖周期性敲击样品表面时，微悬臂振幅的变化被用作响应信号对样品表面形貌成像，同时针尖与样品间的作用力还会导致微悬臂的振荡相位与压电陶瓷驱动信号的振荡相位之间不同步 [图 2.8(a)]。与压电陶瓷驱动信号的振荡相位相比，微悬臂的振荡相位相对滞后，并且其滞后的程度与材料的黏弹性紧密相关。将滞后的相位记录下来即成为轻敲模式的相图。因其对材料的黏弹性非常敏感[30-31]，所以相图可用于定性表达材料的力学性能。

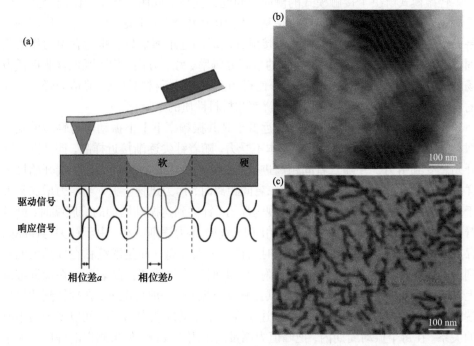

图 2.8　相位成像原理示意图 (a)；(b) 与 (c) 分别为轻敲模式所得热塑性弹性体 (TPE) 的高度图 (形貌图) 与相图

相位成像是 AFM 轻敲模式应用的一个重要突破。在该模式中启用相位成像时，不仅不会影响轻敲模式的扫描速率，也不会影响形貌图的分辨率；同时还可提供其他 SPM 技术通常不能提供的样品表面的纳米级微观结构与性能信息，因此该技术在纳米尺度结构与性能的表征中应用极为广泛，甚至不可缺少。图 2.8(b) 与 (c) 分别为利用轻敲模式所得热塑性弹性体 (thermoplastic elastomer, TPE) 的形貌图 (高度图) 与相图。在相图中清晰地显示了 TPE 的相分离微观结构，而形貌图所能提供的结构信息较少。清晰的相分离微观结构正是由于 TPE 中不同组分黏弹性的差异，导致针尖与样品间的相互作用力不同，从而产生不同的相位差。然而，需要注意的是，相位差是探针与样品间相互作用力综合作用的结果，通常不能单独利用相位差来计算材料的某一特定力学性能，如储存模量、损耗模量等。相图主要用来研究具有不同性质组分的空间分布。因此，该技术对于聚合物复合材料的表征具有出色的性能。但仍需注意的是，相位偏移不仅与材料的性质有关，也受操作条件的影响，所以不能对相位进行过度解读。

2.3.3 峰值力轻敲模式

轻敲模式解决了接触模式的侧向力问题，提高了成像分辨率，因而得到了广泛应用。但是微悬臂的振幅变化是整个振动周期内探针针尖与样品综合作用的结果，一方面微悬臂信号不仅是针尖接触样品时的近距离信息，也包含引力作用范围的信息，这样就限制了轻敲模式的最高分辨率。另一方面，相图既包含非损耗力场的信息，又包含损耗力场的信息，使得相图不能解析材料性质。峰值力轻敲模式的发明则解决了这两个问题，即分辨率和材料性质的定量化[33]。

在峰值力轻敲模式下，探针在远低于其共振频率下上下振动。与轻敲模式类似，探针针尖远离样品时微悬臂基本不受力。随着针尖逐渐接近样品，探针微悬臂开始感受到引力，并随二者间距离进一步缩小而变大，直到针尖最尖端开始接触样品，引力达到最大。当继续减小二者间距离时，斥力迅速上升。当斥力增加到大于引力时，针尖与样品间的合力呈现为斥力。针尖到达振动周期的最底端时，微悬臂感受到最大的斥力。此后针尖开始向上运动，斥力逐渐减小。由于针尖与样品间存在黏附力，针尖不会在合力为零时与样品表面分离，而是继续粘在样品表面直到微悬臂施加的向上的力超过了黏附力，此时针尖将跳离样品表面。在探针继续上移的过程中，针尖可能在自身的共振频率下振动。一般情况下，在探针到达最顶端时，振动基本就消失了。图 2.9 描述了在一个振动周期内力与时间以及力与距离的关系。在每个振动周期内，把峰值力测量出来用于反馈。如果测得的峰值力大于设定值，纵向扫描器就会带动探针上移来把峰值力维持在设定值，反之，如果测得的峰值力小于设定值，纵向扫描器会带动探针下移以把峰值力维持在设定值。把扫描器上下运动的轨迹记录下来就形成了样品的形貌图。为了实现较快的成像速度，探针上下振动的频率一般在几千赫兹。要达到这个速度，探针的振动需采用正弦波驱动，这样探针在接近样品时速度减慢，因此避免了因系统响应的延迟而导致探针的不必要移动。探针远离样品时做上下振动，探针基本不受力，力曲线应该是一条直线，但由于此时速度加快，各种寄生微悬臂偏转就显现出来了，使得本应是一条直线的背底出现波动，从而影响微弱力的测量。峰值力轻敲模式的一个创新之处就是解决了力曲线背底的问题，从而可以更精确地控制探针和样品之间的相互作用力。

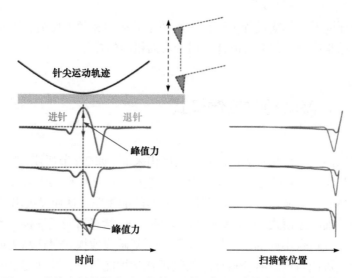

图 2.9　峰值力轻敲模式下，探针上下振动过程中针尖所受力与时间的
关系以及力与距离的关系

　　峰值力误差与高度误差成正比，这使得系统控制变得更为简单。峰值力轻敲模式不在微悬臂的共振频率下工作，因此不需要扫描搜寻其共振频率，任何探针用法都一样，这对于液体成像尤为有利。因为在液体环境下，液体的阻尼使得在液体中搜寻共振频率比大气环境下要难。峰值力轻敲模式除了高分辨率和简单易用外，还能提供丰富的样品性能信息。这是因为在每个位置都有一条力曲线，从而可进一步解析出材料的弹性模量、黏附力、每个周期的能量耗散等。因此，峰值力轻敲模式目前已成为一种广泛使用的形貌和性能测试模式。

2.3.4　非接触模式

　　非接触模式中，针尖始终在样品表面上方振动，与样品间距保持数十纳米（图 2.5）[34]。因此该模式下针尖与样品始终不接触，避免了扫描过程中针尖的磨损和对样品的损坏。与接触模式主要利用弹性系数（k）较低的探针不同，非接触模式主要利用具有较高弹性系数和共振频率的探针。当振动过程中探针靠近样品时，针尖受到长程引力。在引力梯度的作用下，微悬臂的共振频率会往低频移动，振幅也会减小。通过检测共振频率或振幅的变化，即可得到样品的表面形貌。

　　非接触模式中由于针尖与样品间的距离较大，二者间的作用力很小，仅为皮牛级，因此该模式的分辨率要比接触模式和轻敲模式低。另外，当该模式在大气环境下工作时，样品表面可能会吸附包括水在内的分子，一旦针尖碰到样品表面，探针吸附上污染物，共振频率就偏移了，造成系统不稳定。目前非接触模式主要应用在超高真空环境下，扫描过程中探针采用超小的振幅和频率反馈，可实现原子级分辨率。注意非接触模式不太适合应用于表面粗糙的样品。

2.4 AFM 衍生成像模式 ◀◀◀

衍生成像模式是在基础成像模式下发展出来的。如 2.2 节所述，探针针尖与样品之间的相互作用力包括范德瓦耳斯力、静电力、毛细力等。AFM 设计之初是根据针尖与样品间范德瓦耳斯力来获取样品表面的形貌图，从而发展出了 2.3 节中所述的三种基础成像模式。在此基础上，又对探针、微悬臂及反馈控制系统等做了不同的改进，以适合不同的测试目标。即利用基础成像模式对样品表面进行形貌成像过程中，可同时或分时获得样品的物理化学性能信息，从而相继开发出了多种 AFM 的衍生成像模式。本节主要介绍和聚合物表征相关的衍生成像模式，包括扫描热显微镜、静电力显微镜、磁力显微镜、摩擦力显微镜、开尔文探针力显微镜、压电力显微镜、导电原子力显微镜及光电原子力显微镜(依模式出现的时间顺序)。

2.4.1 扫描热显微镜

扫描热显微镜(scanning thermal microscope，SThM)使用一个热电阻或者热电偶构成的探针扫描样品表面获得温度或者热导率的分布[35,36]。图 2.10 简要描述了 SThM 的工作原理，图中的探针尖端有一个由铂构成的热电阻。微悬臂光杠杆系统用于在扫描过程中维持恒定的力，这一原理和接触模式相同。在铂电阻内输入一个恒定电流，通过测量电阻两端的电压来测得铂电阻的阻值，从而得出探针的温度。

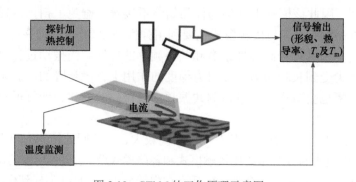

图 2.10 SThM 的工作原理示意图

扫描热显微镜有两种工作模式，一是探针内流过很小的电流，探针的自加热效应很小，探针上的温度是由样品的温度决定的，探针在扫描样品时就测得了样品表面的温度分布。二是在探针内流过比较大的电流，这时探针被加热。探针在样品上扫描时，探针的热量会传递到样品上，使探针温度降低。热导率高的区域，探针的温度就更低。通过测量探针的温度来获得热导率的分布。在第一种模式下，探针测量样品表面的温度是定量的。在第二种模式下，通过探针散热速率来测量热导率的定量过程是复杂的，这涉及热量在样品内的传导。在日常使用中，第二种模式主要用于表征热导率衬度，而不用于计算热导率的绝对值。

2.4.2　静电力显微镜

静电力显微镜（electrostatic force microscope，EFM）是一种测试静电力的动态非接触式 AFM[37]。其中"动态"是指微悬臂以一定振幅共振，并且针尖不与样品接触。静电力是由于电荷间的引力或斥力而产生的，是一种长程力。针尖可以在距离样品 100 nm 或更远的地方检测到。在介绍静电力显微镜的工作原理之前，需首先了解力梯度对 AFM 微悬臂振动的影响和 AFM 的抬高工作模式。

1. 力梯度对微悬臂振动的影响

探针微悬臂的振动可以简化成一个弹簧振子，如图 2.11 所示。分析弹簧振子的受力情况可得到方程式 (2-6)。

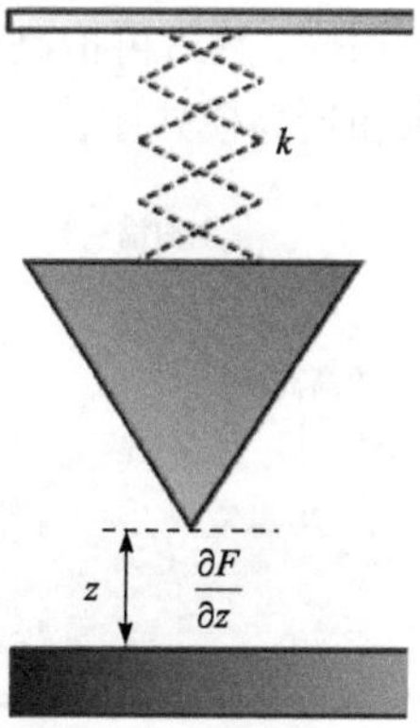

图 2.11　探针微悬臂振动的简化模型——弹簧振子

$$m\frac{\partial^2 z}{\partial z^2} = k(z_0 - z) + F \qquad (2\text{-}6)$$

式中，m 为弹簧振子的质量；k 为弹簧的弹性系数；F 为振子所受外力；z_0 为弹簧振子的平衡位置；z 为弹簧振子运动中所处位置。

当振子所受外力不随位置改变时，求解微分方程可以得到振子的振动方程式 (2-7)。

$$z = a\sin(\omega_0 t + \varphi) + z_0 \qquad (2\text{-}7)$$

式中，$\omega_0 = \sqrt{\dfrac{k}{m}}$。

当外力为常数时，外力不影响振子的振动行为，只会改变其平衡位置。当外力不是常数时，即 $\dfrac{\partial F}{\partial z} \neq 0$。微分方程的解为

$$z = a\sin(\omega t + \varphi) + z_0 \tag{2-8}$$

式中，$\omega = \sqrt{\dfrac{k - \dfrac{\partial F}{\partial z}}{m}}$。

由于探针-样品间相互作用力一般随着二者间距离减小而增大，当外力为引力时，F 是负值，力梯度为正，这时弹簧振子频率降低。当外力为斥力时，F 是正值，力梯度为负，这时弹簧振子频率升高。由此得出，影响探针振动频率的是力梯度，不是力本身的大小。

2. 抬高模式

抬高模式（lift mode）是一种交织模式。AFM 首先在一种基础成像模式下扫描一行样品的形貌，称为主扫描。然后系统控制探针抬高一定的高度，再扫描一行。在探针抬起时，抬高的高度由操作者在软件中设定，扫描参数可以和主扫描一样，也可以不一样。例如，探针上的电位、驱动微悬臂振动的电压和频率、激光打开或者关闭等。抬高后，探针不再根据反馈信号上下运动，而是根据主扫描获得的样品表面高度变化上下移动探针以使探针和样品保持恒定距离，即抬高高度。图 2.12 描述了抬高模式的原理。扫完一行后，探针再降下来，打开反馈控制系统后再扫一行主扫描，然后再抬高扫一行。这样主扫描和抬高扫描交替进行，就获得了主扫描图像和抬高模式图像。

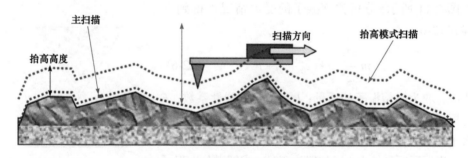

图 2.12　抬高模式工作原理示意图

探针抬高后，针尖与样品间的短程作用力就消失了。但针尖仍能感受到长程作用力，如静电力、磁力等。探针抬高时，微悬臂在其固有的共振频率下振动，力梯度的存在会导致探针的共振频率发生变化。在驱动频率保持不变的情况下，探针的振幅和相位都会发生变化，并且变化的方向与幅度是由力梯度的方向和大小决定的。

在静电力模式下，探针抬高时，在探针和样品之间施加一个偏压，则电压在二者之间形成静电场。样品表面上由于电荷密度分布有差异，导致针尖和样品表面间形成的静电力随扫描区域的不同而变化。因此，当探针在样品表面上扫描时，通过记录不同区域的静电力梯度，就可获得样品表面的电荷分布情况（图 2.13）。如果探针和样品是等电势的，则在抬高时振幅和相位都不变。此外，如果探针不导电，探针和样品间静电力也非常微弱。所以 EFM 必须采用导电探针。

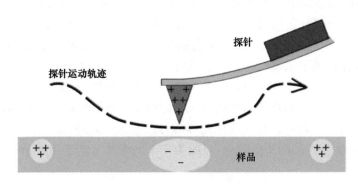

图 2.13　EFM 工作原理示意图

　　EFM 主要有两种工作模式，即电场梯度法和表面电势法。电场梯度法是在扫描过程中通过检测针尖在电场中的受力变化来感应样品表面电场的变化。在扫描过程中，保持针尖与样品表面间的电压和距离恒定，当针尖受到样品的静电引力作用时，微悬臂将在样品方向发生形变；若受到静电斥力，则在样品表面的反方向发生形变。将扫描过程中微悬臂的受力变化记录下来即可成像。与电场梯度法相反，表面电势法是在扫描过程中调节针尖与样品间的电压，使微悬臂受力始终保持恒定，通过记录电压的变化而成像。

　　静电力的来源可以是样品上固有的电荷，也可以是探针极化产生的电荷。对于样品上的固有电荷，改变探针上的电压，如由正改为负，或相反，则 EFM 得出的相图也会反向。对于探针极化产生的电荷，材料的极化率不一样，极化产生的电荷也不一样，这样 EFM 产生的衬度就是极化率衬度。在这种情况下，EFM 相图不会随着探针电压改变符号而反向。

　　EFM 的主扫描是基于基础成像模式的，而对电荷分布的扫描是基于抬高模式。但在纳米级测量中，如果二次定位不精确导致探针与样品的距离不一致，则产生的误差将严重影响测量结果，很难获得真实的静电力信息。此外，如果主扫描过程中的扫描参数设置不合理，导致探针不能精确地扫描样品表面，那么在抬高模式下，静电力图像中将包含形貌信息[37,38]。因此，主扫描的参数优化对成像质量和性能测试也至关重要。

2.4.3 磁力显微镜

　　和 EFM 类似，磁力显微镜(magnetic force microscope, MFM)是在抬高模式下测量探针与样品间的磁力梯度[39-41]。磁相互作用是长程的磁偶极作用，因此用于 MFM 的针尖表面都镀有一层铁磁材料(一般为铁镍钴材料)，使其具有磁性。另外，探针使用前还要用磁化器对其进行磁化。MFM 的工作原理和 EFM 类似，在抬高模式下，磁探针在其固有频率下振动，当扫描到磁性材料表面上方时，就能感受到其磁场的作用力，从而使微悬臂的振幅和相位都会发生变化。把探针振幅和相位的变化记录下来就能得到产生磁场的磁畴、磁畴壁，以及磁畴壁中的微观结构等表面磁结构信息(图 2.14)。在 MFM 扫描过程中，针尖与样品之间的相互作用力主要包括范德瓦耳斯力和磁力。在进行主扫描(即样品表面形貌扫描)时，针尖与样品间距离较近，此时范德瓦耳斯力占主导；而进行二次扫描(磁力梯度扫描)时，针尖与样品间距离较远(一般为几十纳米甚至高于 100 nm)，此时磁力占主导。

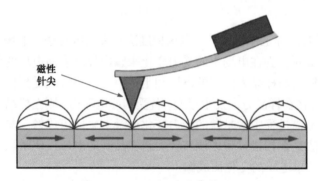

磁性
针尖

图 2.14　MFM 工作原理示意图

　　由于磁力探针也是导电的，磁力信号中可能混有静电力信号。操作 MFM 时，一定要用非磁导电探针扫描一下，以确定有没有静电力信号。

　　关于抬高高度和探针振幅的选择，一般地，抬高高度越大则所得图像分辨率越低。当主扫描调好后，将探针抬高几十纳米就可满足大多数样品的测试要求。对于探针的振幅，若振幅太小则锁相放大器输出噪声大；但是如果振幅太大，针尖抬高后可能还会碰到样品。操作者必须留意这一点，一旦静电力图像或磁力图像和形貌一致，就要考虑是不是假像。

2.4.4 摩擦力显微镜

　　摩擦力显微镜(friction force microscope, FFM)，也称侧向力显微镜(lateral force microscope, LFM)，是在 AFM 接触模式基础上发展起来的用于研究材料表面纳米尺度摩擦性能的技术[42,43]。接触模式下，针尖与样品始终接触，扫描过程中侧向力一直存在。目前商业化 AFM 都配备四象限光电检测器，除了能检测微悬臂垂直方向的偏转外，也可以检测水平方向的偏转，即微悬臂扭转。把微悬臂水平方向的偏转记录成图就是 AFM 纳米摩擦力图像，即 FFM 图像。在 FFM 技术出现之前，一直缺少对材料在微观尺度摩擦行为的研究。因此，具有纳米尺度分辨率的 FFM 一经出现，即广泛用于材料表面结构成分、润滑及摩擦性能测试。例如，利用分子自组装制备的单分子膜，厚度可能很小，不容易在形貌图中区分，但是摩擦力图就很容易看出单分子层在样品表面的分布，从而实现图形化表面的化学识别。FFM 可提供样品表面微区摩擦性能信息，但同时这也是造成探针磨损和样品损伤的主要原因。为了避免磨损针尖或损伤样品，一般要尽可能地减小接触力。一般接触模式要选用微悬臂弹性系数较小的探针。

2.4.5　开尔文探针力显微镜

开尔文探针力显微镜(Kelvin probe force microscope，KPFM)用于测量样品表面的电势分布[44,45]。表面电势可以是由表面存储的束缚电荷引起的，也可以是材料的功函数不同造成的电势差，还可以是外加的电势。对于有一定导电性的材料，束缚电荷不能长时间停留在一个位置，样品表面的电势主要来自样品功函数差，或者外加的电势。

KPFM 可以在抬高模式下工作，也可以随着主扫描一次扫描完成，其工作原理是一样的。为了计算探针与样品间的相互作用力，可以把导电探针和导电样品看作一个电容器的两个极板，该电容器的能量(U)可以用式(2-9)来表示。

$$U = \frac{1}{2}C\Delta V^2 \tag{2-9}$$

式中，C 为探针和样品之间的局部电容；ΔV 为二者之间的电势差。探针与样品之间的电场力可由能量对距离求导得到，则探针所受作用力为

$$F = -\frac{\partial U}{\partial z} = -\frac{1}{2}\frac{\partial C}{\partial z}(\Delta V)^2 \tag{2-10}$$

式中，负号表示探针和样品间的作用力为引力。电势差 ΔV 由直流补偿电压和交变电压两部分组成。交变电压部分为 $V_{AC}\sin\omega t$，ω 一般设定在微悬臂的共振频率附近，以获得较大的振幅。探针和样品间总的电势差为

$$\Delta V = V_{DC} - \Delta\varphi + V_{AC}\sin\omega t \tag{2-11}$$

式中，V_{DC} 为探针样品间施加的直流补偿电压；$\Delta\varphi$ 为待测的探针-样品的电势差；V_{AC} 为交流电压的幅值。把式(2-11)代入式(2-10)，可以得到式(2-12)。

$$F = -\frac{1}{2}\frac{\partial C}{\partial z}\left[\left(V_{DC} - \Delta\varphi\right)^2 + \frac{1}{2}V_{AC}^2\right] - \frac{\partial C}{\partial z}\left(V_{DC} - \Delta\varphi\right)V_{AC}\sin\omega t + \frac{1}{4}\frac{\partial C}{\partial z}V_{AC}^2\cos(2\omega t)$$

$$(2\text{-}12)$$

式中，第一项为直流项，该力不引起探针振动；第二项力作为一个正弦的驱动力来激发微悬臂在所施加交流电压的频率(ω)下振动，当$V_{DC} = \Delta\varphi$时，该项为零；第三项力将激发探针在所加交流电压的二倍频下振动。

在 KPFM 工作模式下，探针和样品间同时施加交流和直流电压，用锁相放大器检测微悬臂在交流频率下的振动，用 PID 控制器调节直流电压值，直到振动消失，此时直流电压等于探针与样品间的接触电势差。当探针振幅不等于零时，PID控制器根据探针振动的相位决定增加还是减小直流电压。PID 控制器的调节量是由振幅大小通过 PID 算法实现的。对于导电样品，接触电势差 $\Delta\varphi$ 等于样品与探针的功函数差，功函数高的则电势低。由于探针的功函数是确定的，通过标定，KPFM可以测量导电样品表面的功函数。得到功函数后，也就测得了费米能级。对于完全绝缘的样品，探针与样品间的电势差不一定等于功函数差，这一点在使用过程中一定要注意。

2.4.6 压电力显微镜

压电力显微镜(piezoresponse force microscope，PFM)用来研究材料的压电响应[46,47]。传统上压电力显微镜主要用于研究压电材料的合成及其在数据存储、传感器以及驱动器方面的应用。近年来 PFM 用得越来越广泛，已经在功能材料研究方面得到了广泛应用，包括二维材料异质结、钙钛矿材料等。同时 PFM 也在生物材料和高分子领域得到了应用，如贝壳、纤维素、胶原蛋白等。

PFM 的工作原理如图 2.15 所示。在探针和样品间施加一个交变电压(E)，如果电场方向和原来的极化方向一致，则样品伸长Δz，推动微悬臂向上偏转。反之，样品收缩，微悬臂向下偏转。偏转量是由施加电压的大小和材料的压电系数决定的。形变与施加电压同步还是反向，是由材料的极化方向决定的。在测量中，由于压电形变量非常小，只有几十皮米或更小，信号要用锁相放大器来提取。把微悬臂的偏转信号输入到锁相放大器中，在样品上施加的交变电压作为参比信号，锁相放大器输出的幅值和相位用于成像。幅值用于测量压电系数，相位用于观测极化方向。

在接触模式中已经讨论了微悬臂的竖直偏转和水平偏转。在压电力显微镜模式下，可以把两路信号分别输送到两个锁相放大器中，同时分别检测面外和面内压电响应。如果控制器资源有限，没有足够多的锁相放大器，也可以采用交织模式分时测量。如把抬高模式的抬起高度设成 0，主扫描测一个方向，抬高模式测另一个方向。

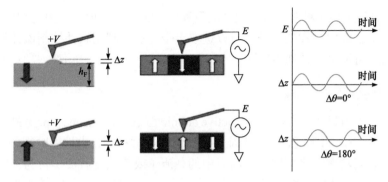

图 2.15　PFM 工作原理示意图

2.4.7　导电原子力显微镜

导电原子力显微镜(conductive atomic force microscope，c-AFM)用来表征微纳尺度下材料的表面形貌与电学特性相关的信息[48,49]。c-AFM 模式下，在扫描样品表面的过程中施加一个偏置电压，使样品台、待测样品和镀有金属层的导电探针形成回路，检测流过探针的电流，由此可同时得到材料表面的形貌特征和电流信号。图 2.16 是 c-AFM 工作原理示意图。c-AFM 一般在接触模式或者峰值力轻敲模式下工作。接触模式下，流过针尖的电流在扫描过程中被控制器记录形成电流图。因为在接触模式下工作，所以该模式的优缺点在 c-AFM 中都有。在峰值力轻敲模式下，为了减少噪声，只有针尖接触样品时，控制器才从电流放大器读取电流，这样就排除了探针离开样品时只有电流噪声的情况。在峰值力轻敲模式下，电流放大器需要有足够的带宽，否则在探针接触样品的那段时间测得的电流不准。峰值力轻敲模式下的 c-AFM 对测量比较软或者附着不牢的样品有很大帮助，如导电高分子材料、分散在基底上的纳米材料。

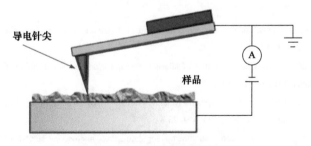

图 2.16　c-AFM 工作原理示意图

c-AFM 不管是在接触模式还是峰值力轻敲模式下，既能给出局部区域的电流强度分布图，又能给出特定位置的 I-V 曲线(与力曲线类似)。根据 I-V 曲线，就能获得材料更多的电性能信息，如肖特基势垒、探针与样品的接触是欧姆接触还是形成结、计算 *I-V* 的斜率可得出微分电阻等。c-AFM 工作时，一般先扫描一幅图，然后在图上选取感兴趣的区域，可以选取多个，然后利用软件控制探针到达相应的位置后，再记录一系列 *I-V* 曲线。

2.4.8　光导原子力显微镜

光导原子力显微镜(photoconductive atomic force microscope，pc-AFM)是在 c-AFM 基础上发展出来的，用于表征在光照情况下材料的光电性能[48,49]。通过选择合适的波长与功率，光可以激发材料中的载流子或者改变载流子行为，因此样品的电势、电导以及极化率会发生变化。在现有 AFM 基础上增加一套照明光路，在光照射下利用 EFM、KPFM 或 c-AFM 来测量材料的光电性能，这对研究能量转换材料和器件有着重要的意义，如有机半导体光伏器件、钙钛矿太阳能转换器件、半导体发光器件等。

光激发和电测量的结合模式多种多样，可以在不同光激发的状态下进行一系列的电学测量，也可以把光调制和锁相放大器结合起来检测光电特性。例如，用一束调制的光来激发样品，把 KPFM 的电势信号输送到锁相放大器，光调制信号作为参比信号，锁相放大器的输出用来成像做光电势研究，这样就消除了环境影响、仪器漂移以及材料性能随时间的变化。激发光源一般根据研究的体系来选择，可以选择太阳光模拟器、可调波长的光源或短脉冲等。利用这些光源可以做时间分辨表征，如研究激子的动态过程。

参 考 文 献

[1]   Binnig G, Quate C F, Gerber C. Atomic force microscope. Phys Rev Lett, 1986, 56: 930-933.

[2]   彭昌盛, 宋少先, 谷庆宝. 扫描探针显微技术理论与应用. 北京: 化学工业出版社, 2007.

[3]   Tsukruk V V, Singamaneni S. Scanning probe microscopy of soft matter: fundamentals and practices. Weinheim: Wiley-VCH, 2011.

[4]   Kappl M, Butt H J. The colloidal probe technique and its application to adhesion force measurements. Part Part Syst Charact, 2002, 19: 129-143.

[5]   Erath J, Schmidt S, Fery A. Characterization of adhesion phenomena and contact of surfaces by soft colloidal probe AFM. Soft Matter, 2010, 6: 1432-1437.

[6]   Shabaniverki S, Juarez J J. Characterizing gelatin hydrogel viscoelasticity with diffusing colloidal probe microscopy. J Colloid Interface Sci, 2017, 497: 73-82.

[7]   Wilson N R, Macpherson J V. Carbon nanotube tips for atomic force microscopy. Nat Nanotechnol, 2009, 4: 483-491.

[8]   Martinez J, Yuzvinsky T D, Fennimore A M, et al. Length control and sharpening of atomic force microscope carbon nanotube tips assisted by an electron beam. Nanotechnology, 2005, 16: 2493-2496.

[9]   Florin E L, Moy V T, Gaub H E. Adhesion forces between individual ligand-receptor pairs. Science, 1994, 264: 415-417.

[10]　Frisbie C D, Rozsnyai L F, Noy A, et al. Functional group imaging by chemical force microscopy. Science, 1994, 265: 2071-2074.

[11]　Overney R M, Meyer E, Frommer J, et al. Friction measurements on phase-separated thin films with a modified atomic force microscope. Nature, 1992, 359: 133-135.

[12]　Meyer G, Amer N M. Novel optical approach to atomic force microscopy. Appl Phys Lett, 1988, 53: 1045-1047.

[13]　Göddenhenrich T, Lemke H, Hartmann U, et al. Force microscope with capacitive displacement detection. J Vac Sci Technol A, 1990, 8: 383-387.

[14]　Neubauer G, Cohen S R, McClelland G M, et al. Force microscopy with a bidirectional capacitance sensor. Rev Sci Instrum, 1990, 61: 2696-2308.

[15]　Tortonese M, Barrett R C, Quate C F. Atomic resolution with an atomic force microscope using piezoresistive detection. Appl Phys Lett, 1993, 62: 834-836.

[16]　Dal Saviol C, Dejima S, Danzebrink H U, et al. 3D metrology with a compact scanning probe microscope based on self-sensing cantilever probes. Meas Sci Technol, 2007, 18: 328-333.

[17]　Rugar D, Mamin H J, Erlandsson R, et al. Force microscope using a fiber-optic displacement sensor. Rev Sci Instrum, 1988, 59: 2337-2340.

[18]　Schönenberger C, Alvarado S F. A differential interferometer for force microscopy. Rev Sci Instrum, 1988, 60: 3131-3134.

[19]　den Boef A J. Scanning force microscopy using a simple low-noise interferometer. Appl Phys Lett, 1989, 55: 439-441.

[20]　Erlandsson R, McClelland G M, Mate C M, et al. Atomic force microscopy using optical interferometry. J Vac Sci Technol A, 1988, 6: 266-270.

[21]　Ang K H, Chong G, Li Y. PID control system analysis, design, and technology. IEEE Trans Control Syst Technol, 2005, 13: 559-576.

[22]　Cappella B, Dietler G. Force-distance curves by atomic force microscopy. Surf Sci Rep, 1999, 34: 1-104.

[23]　Butt H J, Cappella B, Kappl M. Force measurements with the atomic force microscope: technique, interpretation and applications. Surf Sci Rep, 2005, 59: 1-152.

[24]　Malotky D L, Chaudhury M K. Investigation of capillary forces using atomic force microscopy. Langmuir, 2001, 17: 7823-7829.

[25]　Asay D B, Kim S H. Direct force balance method for atomic force microscopy lateral force calibration. Rev Sci Instrum, 2006, 77: 043903.

[26]　Grobelny J P, Pradeep N, Kim D I, et al. Quantification of the meniscus effect in adhesion force measurements. Appl Phys Lett, 2006, 88: 091906.

[27]　Eastman T, Zhu D M. Adhesion forces between surface-modified AFM tips and a mica surface. Langmuir, 1996, 12: 2859-2862.

[28]　Garcia R. Amplitude Modulation Atomic Force Microscopy. Weinheim: Wiley-VCH, 2010.

[29]　Garcia R, Perez R. Dynamic atomic force microscopy methods. Surf Sci Rep, 2002, 47: 197-301.

[30]　Magonov S N, Elings V, Whangbo M H. Phase imaging and stiffness in tapping-mode atomic force microscopy. Surf Sci, 1997, 375: L385-L391.

[31]　Cleveland J P, Anczykowski B, Schmid A E, et al. Energy dissipation in tapping-mode atomic force microscopy. Appl Phys Lett, 1998, 72: 2613-2615.

[32]　Tamayo J, Garcia R. Relationship between phase shift and energy dissipation in tapping-mode scanning force microscopy. Appl Phys Lett, 1998, 73: 2926-2928.

[33] Su C M, Shi J, Hu Y, et al. Method and apparatus of using peak force tapping mode to measure physical properties of a sample: US9291640B2, 2008.

[34] Martin Y, Williams C C, Wickramasinghe H K. Atomic force microscope-force mapping and profiling on a sub100-Å scale. J Appl Phys, 1987, 61: 4723-4729.

[35] Williams C C, Wickramasinghe H K. Scanning thermal profiler. Appl Phys Lett, 1986, 49: 1587-1589.

[36] Majumdar A. Scanning thermal microscopy. Annu Rev Mater Sci, 1999, 29: 505-585.

[37] Girard P. Electrostatic force microscopy: principles and some applications to semiconductors. Nanotechnology, 2001, 12: 485-490.

[38] Tevaarwerk E, Keppel D G, Rugheimer P, et al. Quantitative analysis of electric force microscopy: the role of sample geometry. Rev Sci Instrum, 2005, 76: 053707.

[39] Martin Y, Wickramasinghe H K. Magnetic imaging by "force microscopy" with 1000 Å resolution. Appl Phys Lett, 1987, 50: 1455-1457.

[40] Hartmann U. Magnetic force microscopy. Annu Rev Mater Sci, 1999, 29: 53-87.

[41] Rugar D, Mamin H J, Guethner P, et al. Magnetic force microscopy: general principles and application to longitudinal recording media. J Appl Phys, 1990, 68: 1169-1183.

[42] Mate C M, McClelland G M, Erlandsson R, et al. Atomic scale friction of a tungsten tip on a graphite surface. Phys Rev Lett, 1987, 59: 1942-1945.

[43] Ruan J A, Bhushan B. Atomic-scale friction measurements using friction force microscopy: part I —general principles and new measurement techniques. J Tribol, 1994, 116: 378-388.

[44] Nonnenmacher M, O'Boyle M P, Wickramasinghe H K. Kelvin probe force microscopy. Appl Phys Lett, 1991, 58: 2921-2923.

[45] Melitz W, Shen J, Kummel A C, et al. Kelvin probe force microscopy and its application. Surf Sci Rep, 2011, 66: 1-27.

[46] Güthner P, Dransfeld K. Local poling of ferroelectric polymers by scanning force microscopy. Appl Phys Lett, 1992, 61: 1137-1139.

[47] Soergel E. Piezoresponse force microscopy（PFM）. J Phys D: Appl Phys, 2011, 44: 464003.

[48] Liscio A, Palermo V, Samorì P. Nanoscale quantitative measurement of the potential of charged nanostructures by electrostatic and Kelvin probe force microscopy: unraveling electronic processes in complex materials. Acc Chem Res, 2010, 43: 541-550.

[49] Groves C, Reid O G, Ginger D S. Heterogeneity in polymer solar cells: local morphology and performance in organic photovoltaics studied with scanning probe microscopy. Acc Chem Res, 2010, 43: 612-620.

第3章

轻敲模式在聚合物微观结构
及其动力学研究中的应用

自 1986 年发明以来，原子力显微镜(AFM)已成为表征聚合物微观结构的主要工具之一，并进一步拓展到研究其结构转变动力学。其中应用最为广泛的是 AFM 的轻敲模式。利用该模式所得的高度图和相图，AFM 轻敲模式已广泛用于表征从玻璃态到结晶性聚合物、嵌段共聚物、橡胶、凝胶、纤维、共混物及复合材料等几乎所有聚合物的表面形貌、组分分布、微观结构及其动力学。因该部分内容繁多，本章仅介绍 AFM 在表征聚合物表面分子动力学、嵌段共聚物自组装、聚合物单链构象、聚合物刺激响应行为、聚合物界面反应动力学及聚合物本体结构等六个研究领域的典型应用[注：本章部分内容翻译自作者为 *Macromolecules* 撰写的一篇前瞻性综述(perspective)[1]]。

3.1 聚合物表面分子动力学

聚合物表面分子动力学(surface mobility)是高分子物理领域的重要基础科学问题之一。大量研究表明聚合物表面具有与其本体不同的聚集态结构及分子动力学，这一现象在受限聚合物薄膜体系中尤为显著，即聚合物的微观结构与性能具有深度依赖性[2]。随着距离表面深度的增加，相应深度聚合物的聚集态结构与性能也发生变化。由于表面结构与性能是决定聚合物在涂层、润滑、黏结及摩擦等领域应用的关键因素，因此，对聚合物表面分子动力学的研究在过去的近三十年间受到了广泛关注。其中包括大量利用椭圆偏振测量术(ellipsometry)[3]、介电光谱学(dielectric spectroscopy)[4]及 X 射线光子相关光谱(X-ray photon correlation spectroscopy)[5]等对聚合物超薄膜(厚度<100 nm)表面玻璃化转变温度(T_g)及动力学的表征。而 AFM 所具有的侧向及纵向高分辨率的优势对推进这一研究领域的进展发挥了关键作用[6-12]。

聚合物薄膜的一个重要基础问题是，其表面是否具有比其本体更低的 T_g，或者表面是否存在类液体薄层。早期 AFM 结果证实硅基板上 200 nm 厚的聚苯乙烯 (PS)薄膜表面具有比其本体更高的分子链运动能力，即 T_g 低于其本体值[6,13,14]。表面分子链运动能力的提高可以解释为：由于大量分子链末端聚集于表面[6,13-15]，其自由体积增加，导致在聚合物/空气(真空)界面处链段运动的协同性降低[6,13-16]；或可解释为：薄膜表面链缠结程度的减小[17,18]。进一步利用 AFM 表征 PS 表面形貌随退火温度及时间的变化，通过分析功率谱密度(power spectral density，PSD)数据发现，相比其本体，PS 表面层的黏度更低[10,19]。利用 AFM 高分辨率的优势，Forrest 等又相继发展了一系列基于 AFM 表征聚合物表面分子链松弛行为的方法，包括利用 AFM 追踪聚合物薄膜表面纳米洞(nanoholes)的深度随退火温度及时间的变化 [图 3.1(a)][8]，纳米球嵌入聚合物薄膜表面的深度随退火温度及时间的变化[9,20,21]，以及台阶宽度随退火温度及时间的变化[图 3.1(b)][11]。上述结果均表明 PS 薄膜表面具有比其本体更快的分子链松弛动力学，且其温度依赖性也明显弱于本体。薄膜表面黏度的降低和纳米球嵌入薄膜表面的"两步"过程均揭示了聚合物薄膜具有双层(double-layer)结构，即在聚合物表面存在一厚度为几纳米、分子链具有高活动能力的薄层。并且表面层活动能力及厚度的大小受薄膜与基板相互作用的影响[21,22]。

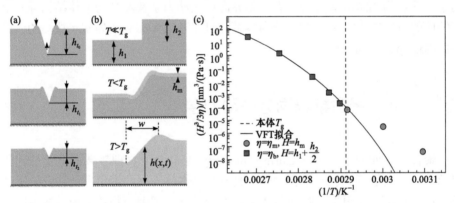

图 3.1   以 AFM 追踪纳米洞深度(a)和台阶宽度(b)随退火温度及时间的变化研究聚合物表面分子链松弛动力学示意图；(c)表面分子链运动能力与温度的关系[1,11]

3.2   嵌段共聚物自组装

嵌段共聚物(block copolymer，BCP)的自组装为纳米有序结构的制备提供了理想的平台。AFM 表征为深入理解 BCP 材料特性和薄膜制备条件与纳米有序结构间的相互关系提供了重要支撑。通常情况下，AFM 通过与电子显微镜或基于 X 射线的散射方法相结合的方式，揭示了 BCP 组成、分子量、相互作用参数、界面相互作用、薄膜厚度、退火、结晶、添加剂及链刚性等因素对其组装过程以及所形成纳米结构的尺寸、形状和取向的影响[23,24]。如图 3.2 所示，AFM 揭示了 ABA 型嵌段共聚物在氯仿中退火时膜厚对自组装微观结构的影响[25]。除了这些常规应用之外，AFM 的高分辨成像和操作环境易控的优势还使其成为研究 BCP 结构缺陷和动力学、自组装过程（特别是溶液中的自组装过程，如胶束或囊泡）以及基板表面性质和干燥条件对自组装微观结构影响的理想工具。

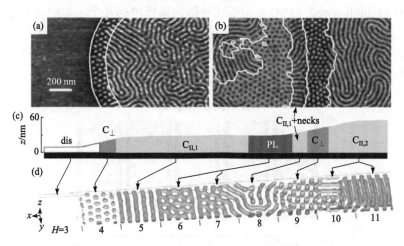

图 3.2　（a）、（b）随膜厚变化，聚苯乙烯-聚丁二烯-聚苯乙烯（SBS）嵌段共聚物在氯仿中退火所形成自组装微观结构的 AFM 相图，图中亮色区域对应 PS 组分，暗色区域对应 PB（聚丁二烯）组分；（c）为（a）与（b）中所形成相分离微区的厚度变化（dis 代表无序 PS 相；$C_\perp$ 代表垂直于基板表面的 PS 柱状相；$C_{II,1}$ 代表单层平行于基板表面的 PS 柱状相；$C_{II,1}$+necks 代表单层平行于基板表面的 PS 柱状相和颈状柱状相；$C_{II,2}$ 代表双层平行于基板表面的 PS 柱状相）；（d）相分离微观结构的模拟结果[25]

　　结构缺陷是 BCP 自组装微观结构中的常见现象，并限制了其长程有序结构的应用。在热能或外加场（如剪切力、电场、溶剂）的作用下，聚合物链的协同运动会导致扩散缺陷，并最终形成 BCP 中的结构缺陷。因此，为了理解 BCP 结构缺陷的形成机理并进一步实现对其的调控，对可能出现的缺陷类型及其演变规律的研究非常重要，尤其是追踪单个缺陷的形成及演化。利用 AFM 对 BCP 薄膜中缺陷形成及演化的研究一般是通过对重复退火循环之间的大量单个缺陷进行无损成像。在这一研究领域，时间分辨 AFM 研究结果认为自组装过程中链拓扑重连（relinking）、结合（joining）及聚集（clustering）均是结构重排的基本过程，并确定了 BCP 中旋错与位错等经典结构缺陷以及晶界缺陷构型[26-29]。研究发现，柱状型 BCP 中其侧向缺陷的运动是受扩散控制的[28]。薄膜中可达到的最小特征间距受热缺陷产生的限制，而不是受有序-无序转变温度(order-disorder temperature，ODT)的限制[30]。由微区间距的变化引起的单层和双层 ODT 的大偏移可以从微区间距、相互作用参数及 BCP 组成方面的缺陷产生的能量消耗来解释。当给 ABC 型 BCP 薄膜施加一电场时，AFM 结果显示出两种截然不同的并决定取向机制的缺陷类型[31]。此外，原位研究 SBS 在溶剂退火过程中缺陷湮灭的动力学表明圆柱体和穿孔片层间的界面能差别很小，从而解释了通过时序相变进行结构重排是能量上最有利的路径方式[32,33]。同样，在对 SB 二嵌段共聚物进行热退火的过程中也观察到了这一现象[34]。高速 AFM(high-speed AFM)揭示了这种结构重排包括几个主要的动态过程，即瞬时界面起伏、不同缺陷构型间的快速反复转变[35]以及湮灭缺陷的集群式/协调式运动[28,35]。图 3.3 显示了柱状型 BCP 薄膜中个体缺陷及其湮灭的快速动力学过程[36]。

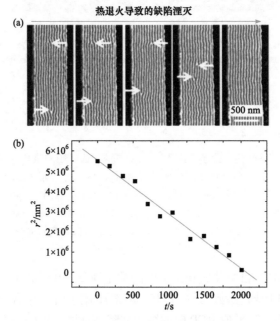

图 3.3　(a) AFM 相图显示了两个相反的 Burgers 矢量位错随退火时间的爬升运动，箭头所示为两个位错的核；(b) 两位错核之间距离的平方与相应退火时间关系曲线[36]

　　由 BCP 自组装形成的胶束、囊泡及其他聚集体结构已经成为多种功能药物递送系统、纳米反应器及纳米材料合成的模板。对这些聚集体的表征方法除了基于散射的技术[37]和冷冻透射电镜(cryogenic TEM)[38]外，AFM 被广泛用于原位表征自组装聚集体在溶液中的生长动力学[39-41]。通过改变 BCP 的化学结构、溶液性质和基底表面，可以实现多种路径来控制表面拓扑结构、微区尺寸和聚集体结构的壁厚。例如，用 AFM 对吸附在云母表面的两亲性嵌段共聚物聚甲基丙烯酸-*N*,*N*-二甲氨基乙酯-*b*-聚甲基丙烯酸甲酯的研究显示，在低 pH 下，该聚集体在基板表面形成胶束，而在高 pH 下显示出紧密堆积微观结构。AFM 结果揭示了 pH 是调控聚电解质类嵌段共聚物最终形态的重要因素[39,41]。对于聚环氧乙烷-*b*-聚氧丙烯二嵌段共聚物，当其吸附在疏水性二氧化硅基板上时，形成的是更为高度有序的微观结构，从而表明基板表面的化学性质是影响两亲性嵌段共聚物的另一重要因素[41]。

3.3　聚合物单链构象　　<<<

聚合物单链及其运动的原位可视化一直是高分子科学研究中的一个挑战[42,43]。AFM 的高空间分辨率和灵活多样的操作环境为该问题的解决提供了技术支持。图 3.4(a) 为利用 AFM 首次观察到单根聚苯乙烯-*b*-聚甲基丙烯酸甲酯(PS-*b*-PMMA)嵌段共聚物分子链的构象：PS 为核，三条 PMMA 分子链均被不同程度地拉伸[44]。AFM 实现单链构象的样品制备方法是：首先利用 Langmuir-Blodgett(LB)技术制备 PS-*b*-PMMA 单层膜，并将其转移至云母基板上。然后将云母上的 PS-*b*-PMMA 样品先在 100%相对湿度(RH)下退火 1 h，再在 79.3%相对湿度下退火 26 h 后进行 AFM 成像。需要在高湿环境下退火的原因是 PMMA 链沉积在基板上后将在 PS 颗粒周围形成一层致密的单分子层，从而不利于 PMMA 链构象的可视化。然而，经高湿环境退火后，PMMA 链胀大，并且由于在高湿环境下云母表面将吸附一薄的水层，从而使得 PMMA 分子链能在云母上容易运动并进行构象重排。该工作利用 AFM 首次使聚合物单链的构象可视化，开辟了一种从分子水平表征二维空间中聚合物分子链结构与性能的新方法。紧接这一研究，AFM 又相继揭示了一系列聚合物分子链的构象，包括聚合物刷[45]、树枝状聚合物[46]、聚电解质[47]及星形聚合物[48]等。例如，以 AFM 对支化型聚丙烯酸正丁酯(PBA)进行单分子链成像，可直接和定量揭示其支化拓扑结构，包括支化链长及分布[图 3.4(b)][49]。目前这些结构信息是利用其他表征方法均无法获得的。AFM 的这一独特优势也在由瓶刷状聚合物制备的无溶剂、超软和超弹性聚合物熔体及网络的研究中得到验证[45]，其中 AFM 聚合物分子链成像定性地揭示了瓶刷状聚合物的尺寸和刚性随侧链聚合度的增加而增大。

除了研究聚合物单链的静态结构之外，AFM 还可以用于研究单链在各种环境中的动态运动，如构象重排[47,48,50,51]。例如，利用 AFM 首次直接观察到了聚 2-乙烯基吡啶(P2VP)聚电解质在云母基板上的构象转变。随着 pH 和离子强度的增加，带电单体比例减小，P2VP 分子链经历了从拉伸态的蠕虫状线团到项链状小球，再到致密小球的构象转变[47]。对吸附在云母上的聚甲基丙烯酸甲酯(PMMA)的 AFM 研究表明，PMMA 分子链在润湿的基板上可沿分子链方向进行类似蛇一样的蠕动，并且，吸附在基板上的水层可加速这种蠕动运动[51]。

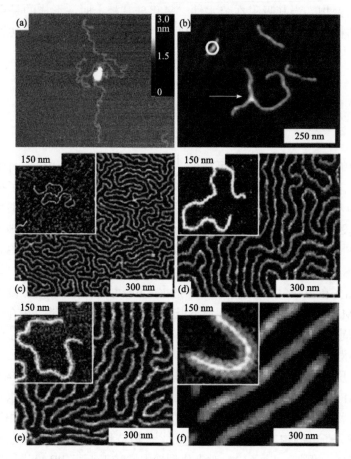

图 3.4　(a) PS-*b*-PMMA 的 AFM 高度图，图像尺寸为 500 nm[44]；(b) PBA 聚合物刷的 AFM 高度图(白色箭头指向分支连接处)[49]；(c)～(f) 云母基底上主链相同但侧链聚合度依次增加的 PBA 的 AFM 高度图[45]

　　AFM 研究聚合物构象的另外一个重要应用是表征 Langmuir 单分子膜中聚合物分子链的排列。聚合物 Langmuir 单分子膜作为高性能超薄膜已经得到了广泛的关注，然而对膜中聚合物链排列方式的认识仍然不足。该问题也是二维(2D)膜研究中最基本的科学问题。诺贝尔物理学奖获得者德热纳(P. G. de Gennes)教授指出[52]，由于二维理想链可以在不与其他链相互贯穿(interpenetration)的情况下达到二维的体密度，因此处于 2D 状态的聚合物链可能以完美孤立(segregation)链的形式进行排列[图 3.5(a)]。然而，现有实验和模拟结果却显示 2D 膜中既有孤立链类型的排列，又有相互贯穿链类型的排列。因此，实现 2D 单分子膜中聚合物单链排列方式的实空间表征成为解决这一争论的关键。图 3.5(c)为沉积在云母上的带有长正癸基链的 L-丙氨酸作为侧基的单层聚苯基异氰酸酯[图 3.5(b)]的 AFM 相图[53]。由于具有长的侧链，链间距离达 2.6 nm。如图 3.5(c)所示，聚合物单链以有序排列的形式堆积成没有任何堆叠的 2D 薄膜，并且链间相互贯穿。出乎意料的是，在一些区域，单链折叠成发夹状构象(hairpin-like conformation)，而另一些链束折叠成类似于变形的岩层。这一 AFM 结果为阐明 2D 单层膜中聚合物单链的堆积方式提供了有力证明。

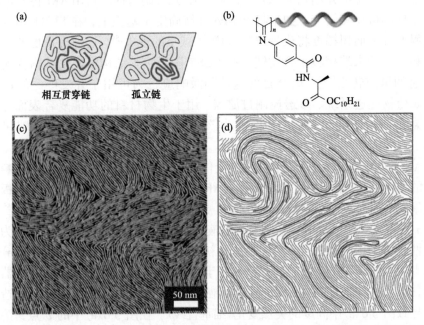

图 3.5　(a)二维单分子膜中聚合物分子链可能排列方式示意图；(b)聚异氰化物化学结构；(c)云母上聚异氰化物单分子膜 AFM 相图；(d)聚异氰化物分子链堆积方式示意图(其中一些链被描为红色以清楚地显示其排列方式)[53]

　　总之，对于聚合物单链结构，包括孤立链及其在潮湿气氛中的运动、折叠链晶体及其熔融行为、单链晶体、立体复合物的多链螺旋结构、LB 膜中链堆积及混容性聚合物共混物单层中溶解的链的分子排列均能够利用 AFM 进行解析。AFM 及探针的进一步改进将为在分子水平上研究聚合物结构提供一种更可靠的方法。利用 AFM 探究聚合物分子水平的结构信息，包括静态构象及其转变的动力学，将极大地加深我们对聚合物物理性质的理解。

3.4   聚合物刺激响应行为   <<<

AFM 可用于原位监测聚合物在外界刺激，如 pH、温度、离子强度、光等作用下性能(如黏结、润湿、力学性能及摩擦等)的变化[54-58]。其中具有低临界溶解温度(lower critical solution temperature，LCST)的相变聚合物是刺激响应聚合物材料中研究最为广泛的一类，如温敏性聚合物聚 N-异丙基丙烯酰胺(PNIPAM)。PNIPAM 的 LCST 约为 32℃。当体系温度在 LCST 以下时，PNIPAM的接枝链是强耦合的，在溶液中呈自由伸展的构象；而当体系温度高于 LCST时，聚合物链脱水并塌陷为球状。因此，在 32℃附近时，PNIPAM 将发生从线团到小球的可逆相转变。如果将 PNIPAM 链固定于基板上，在 LCST 相变过程中其膜厚和表面粗糙度将表现出瞬时增大/减小的现象[59]。这种现象也见于具有低接枝密度的末端接枝聚合物链。在 LCST 附近，其结构将发生从刷状到蘑菇状形貌的可逆转变[60]。聚合物的这种刺激响应行为可用于开发广泛的智能材料，如药物递送系统、渗透控制过滤器、用于生物材料的功能复合表面等。因此，对其结构转变动力学的研究将为该类聚合物的应用提供理论基础和技术支持。

AFM 能够追踪样品高度和尺寸的变化，从而可以非常方便地研究刺激响应聚合物的结构转变动力学。图 3.6 为利用 AFM 在溶液中原位研究接枝在硅基板表面上的聚甲基丙烯酸(polymethacrylic acid，PMAA)刷的可逆胀大与塌陷行为[55]。由图 3.6(a)中 AFM 高度图可见，随着将溶液从 pH 为 3 的酸性环境切换为 pH 为 10.5的碱性环境(图中 a 点)，PMAA 刷子从初始塌陷状态(刷层厚度约为 40 nm)转变为胀大状态(刷层厚度约为 120 nm)。由于溶液的切换是通过操控微量移液器原位切换扫描系统液体槽中的碱性和酸性溶液，在切换过程中，将对 AFM 针尖造成干扰，导致图 3.6(a)中高度的突然变化(细垂直线)。在图 3.6(a)中的 b 点，溶液再次切换为 pH 为 3 的酸性溶液，PMAA 刷层则又迅速塌陷回 40 nm 厚。循环在 c 点(pH 为 10.5)和 d 点(pH 为 3)再次重复，从而进一步证实了 PMAA 刷层微观结构可以随 pH 切换而进行可逆转变。AFM 所得 PMAA 刷层高度的变化可以用于进一步研究刷子的结构转变动力学。图 3.5(b)为从图(a)中的 d 区域所得高度变化曲线。结果显示，当溶液 pH 从 10.5 切换为 3 时，随着时间的增加，刷层厚度不断降低。在 0.5 s 时，刷层厚度即开始降低，表明 PMAA 响应时间非常短。整个塌陷在 6 s 结束。此后，刷层的厚度不再随时间延长而降低。图 3.5(b)中另外一个非常显著的特征是在界面附近刷子塌陷得似乎更快，这可能是由于在自由界面外链的缠结程度与其本体相比要小，从而使界面处的聚合物分子链具有较高的运动(mobility)能力。

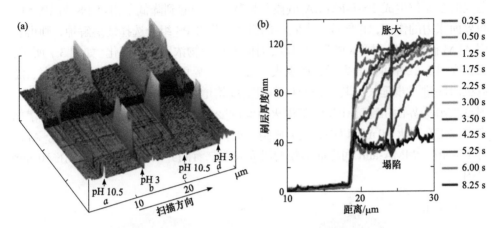

图 3.6　(a) PMAA 刷随 pH 的切换发生可逆胀大(pH 10.5)与塌陷(pH 3)行为；(b)图(a)中 *d* 区域的高度随 pH 从 10.5 切换到 3 过程中的变化[55]

此外，刺激响应聚合物广泛用于各种基质的表面修饰，即聚合物表面分子工程。而 AFM 在表征接枝、自组装或吸附在基质上的各种聚合物分子的表面改性方面发挥了关键作用[61-63]。将改性后基质的表面形貌及其转变动力学与聚合物的接枝密度和接枝层厚度定量化，AFM 表征为深入理解这种分子工程表面的微观结构与改性后基质表面性质的相互关系提供了重要支持。

3.5　聚合物界面反应动力学　　<<<

反应共混作为一种常用的控制不相容共混物相形态和共混物力学性能的方法已得到了广泛应用。该技术已成为获得高性能聚合物合金新材料的一条经济而有效的途径[64]。在热力学不相容的聚合物共混体系中，由聚合物分子中的官能团在相界面发生偶合反应，原位生成的由组分聚合物链段组成的接枝或嵌段共聚物作为增容剂，从而可大幅度降低相界面张力，增进相区间相互作用和相互渗透，改善组分间的界面黏结和两相结构形态，共混物及复合材料的力学性能也由此得到极大改善。其中界面反应及所导致的界面微观结构是决定所制备复合材料最终使用性能的关键因素之一。AFM 表征在理解反应共混的界面行为方面发挥了重要作用[65-70]。

　　图 3.7 为氨基封端聚苯乙烯(PS-NH$_2$)与酸酐封端聚甲基丙烯酸甲酯(PMMA-anh)经界面反应不同时间后界面形貌的变化[70]。PS-NH$_2$ 与 PMMA-anh 在高温下退火时会原位生成 PS-b-PMMA 嵌段共聚物,从而起到降低不相容 PS 与 PMMA 间界面张力的作用,并导致二者间界面粗化。若将 PS 组分选择性溶解掉,则可利用 AFM 研究其界面形貌随退火温度、时间及反应物浓度等的变化。如图 3.7 所示,未退火时,二者间界面平滑,而退火 5 min 后,界面起伏和粗糙度迅速增大。随退火时间进一步延长,其界面起伏和粗糙度均增大,但是增加的幅度并不明显。图 3.7(d)为界面粗糙度(RMS)随退火时间的变化。结果显示,界面粗糙度的增加主要发生在退火 10 min 以内,之后随退火时间继续延长,粗糙度变化不大。AFM 对 PS-NH$_2$/PMMA-anh 间界面形貌的研究表明二者间界面反应主要发生在 10 min 以内。

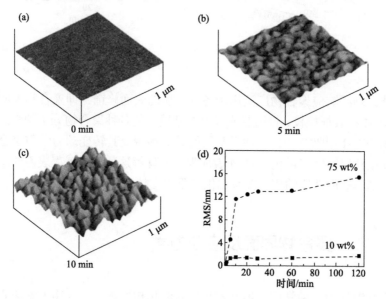

图 3.7　PS-NH$_2$/PMMA-anh 在 175℃分别退火 0 min(a)、5 min(b)和 10 min(c)后的界面形貌;(d)界面粗糙度随退火时间的变化,图中 75 wt%与 10 wt%分别为 PS 膜中 PS-NH$_2$ 的浓度[70]

3.6　聚合物次表面结构

　　聚合物表面的微观结构往往与其本体有较大的差异。因此,重建聚合物的三

维 (3D) 真实结构具有重要意义。需要指出的是，AFM 是一项对样品表面扫描成像的技术，所得形貌与微观结构也仅为样品表面的信息。然而，若将 AFM 与切片或刻蚀相结合，则可实现对聚合物本体结构的表征，即 AFM 纳米断层成像技术 (AFM nanotomography)[71]。利用该技术对聚丙烯弹性体 (elastomeric polypropylene，ePP) 的研究揭示了 ePP 片晶的非正常分裂行为来源于螺旋位错的生成[72]。将这种逐层成像技术与 AFM 其他操作模式相结合[73-75]，如与导电 AFM 相结合，则实现了对聚苯乙烯/碳纳米管纳米复合材料导电 3D 网络的成像[74]。若与溶剂蒸气退火相结合，则揭示了电场下嵌段共聚物中不同嵌段的排列机制[76]。

　　然而，AFM 纳米断层成像技术涉及对样品进行破坏性的切片或刻蚀等制样步骤。为了弥补这一不足，以 AFM 结合超声波或能量耗散等进行次表面结构无损成像的技术目前正处于蓬勃发展中，并已在几种聚合物体系中得到应用[77-79]。例如，利用深度解析 (depth-resolved) AFM 对聚 3-己基噻吩 (P3HT) 3D 微观结构的研究发现，其结晶区域和纤维晶表面覆盖有一层 7 nm 厚的无定形层。热退火后，该无定形层的厚度减小到 5 nm[77]。由于 P3HT 是广泛用于光伏材料中的电子给体，其无定形表面层的存在对电荷转移过程具有重要影响。对于聚合物纳米复合材料，AFM 3D 表征已经可用于探测聚合物本体中金纳米粒子的分布和碳纳米管在聚合物中的分散及取向[80-82]。以 AFM 3D 表征对聚丙烯弹性体 (ePP) 的研究为例，图 3.8 为 ePP 的 AFM 相图及表面 19 nm 范围内的 3D 微观形貌，

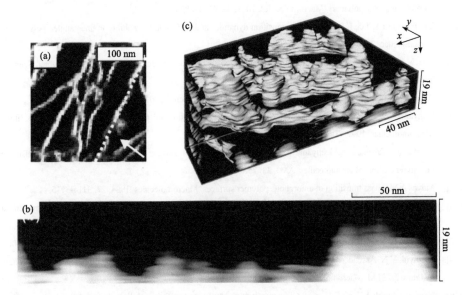

图 3.8　(a) 聚丙烯弹性体 AFM 相图，其中亮色区域为片晶，暗色区域为无定形区，白色箭头所指为观察 (c) 所示 3D 微观形貌的观察方向；(b) 沿图 (a) 中虚线所得代表性片晶的 3D 截面形貌；(c) 聚丙烯弹性体最顶部 19 nm 范围内的 3D 微观形貌[83]

揭示了次表面区域内片晶的 3D 形貌[83]。上述 AFM 3D 表征结果给出了更全面的材料的微观结构信息，因此为聚合物纳米复合材料的制备和高性能化奠定了基础。

参 考 文 献

[1] Wang D, Russell T P. Advances in atomic force microscopy for probing polymer structure and properties. Macromolecules, 2018, 51: 3-24.

[2] Ediger M D, Forrest J A. Dynamics near free surfaces and the glass transition in thin polymer films: a view to the future. Macromolecules, 2014, 47: 471-478.

[3] Keddie J L, Jones R A L, Cory R A. Size-dependent depression of the glass transition temperature in polymer films. Europhys Lett, 1994, 27: 59-64.

[4] Serghei A, Huth H, Schick C, et al. Glassy dynamics in thin polymer layers having a free upper interface. Macromolecules, 2008, 41: 3636-3639.

[5] Kim H, Rühm A, Lurio L B, et al. Surface dynamics of polymer films. Phys Rev Lett, 2003, 90: 068302.

[6] Tanaka K, Taura A, Ge S R, et al. Molecular weight dependence of surface dynamic viscoelastic properties for the monodisperse polystyrene film. Macromolecules, 1996, 29: 3040-3042.

[7] Kerle T, Lin Z, Kim H C, et al. Mobility of polymers at the air/polymer interface. Macromolecules, 2001, 34: 3484-3492.

[8] Fakhraai Z, Forrest J A. Measuring the surface dynamics of glassy polymers. Science, 2008, 319: 600-604.

[9] Ilton M, Qi D, Forrest J A. Using nanoparticle embedding to probe surface rheology and the length scale of surface mobility in glassy polymers. Macromolecules, 2009, 42: 6851-6854.

[10] Yang Z, Fujii Y, Lee F K, et al. Glass transition dynamics and surface layer mobility in unentangled polystyrene films. Science, 2010, 328: 1676-1679.

[11] Chai Y, Salez T, McGraw J D, et al. A direct quantitative measure of surface mobility in a glassy polymer. Science, 2014, 343: 994-999.

[12] Zhang W, Yu L. Surface diffusion of polymer glasses. Macromolecules, 2016, 49: 731-735.

[13] Kajiyama T, Tanaka K, Takahara A. Surface molecular motion of the monodisperse polystyrene films. Macromolecules, 1997, 30: 280-285.

[14] Tanaka K, Takahara A, Kajiyama T. Rheological analysis of surface relaxation process of monodisperse polystyrene films. Macromolecules, 2000, 33: 7588-7593.

[15] Mayes A M. Glass transition of amorphous polymer surfaces. Macromolecules, 1994, 27: 3114-3115.

[16] Ngai K L, Rizos A K, Plazek D J. Reduction of the glass temperature of thin freely standing polymer films caused by the decrease of the coupling parameter in the coupling model. J Non-Cryst Solids, 1998, 235-237: 435-443.

[17] Brown H R, Russell T P. Entanglements at polymer surfaces and interfaces. Macromolecules, 1996, 29: 798-800.

[18] Bliznyuk V N, Assender H E, Briggs G A D. Surface glass transition temperature of amorphous polymers. A new insight with SFM. Macromolecules, 2002, 35: 6613-6622.

[19] Yang Z, Clough A, Lam C H, et al. Glass transition dynamics and surface mobility of entangled polystyrene films at equilibrium. Macromolecules, 2011, 44: 8294-8300.

[20] Qi D, Ilton M, Forrest J A. Measuring surface and bulk relaxation in glassy polymers. Eur Phys J E, 2011, 34: 56.

[21] Yoon H, McKenna G B. Substrate effects on glass transition and free surface viscoelasticity of ultrathin polystyrene

films. Macromolecules, 2014, 47: 8808-8818.

[22]　Qi D, Fakhraai Z, Forrest J A. Substrate and chain size dependence of near surface dynamics of glassy polymers. Phys Rev Lett, 2008, 101: 096101.

[23]　Darling S B. Directing the self-assembly of block copolymers. Prog Polym Sci, 2007, 32: 1152-1204.

[24]　Meuler A J, Hillmyer M A, Bates F S. Ordered network mesostructures in block polymer materials. Macromolecules, 2009, 42: 7221-7250.

[25]　Knoll A, Horvat A, Lyakhova K S, et al. Phase behavior in thin films of cylinder-forming block copolymers. Phys Rev Lett, 2002, 89: 035501.

[26]　Yufa N A, Li J, Sibener S J. *In-situ* high-temperature studies of diblock copolymer structural evolution. Macromolecules, 2009, 42: 2667-2671.

[27]　Hammond M R, Cochran E, Fredrickson G H, et al. Temperature dependence of order, disorder, and defects in laterally confined diblock copolymer cylinder monolayers. Macromolecules, 2005, 38: 6575-6585.

[28]　Horvat A, Sevink G J A, Zvelindovsky A V, et al. Specific features of defect structure and dynamics in the cylinder phase of block copolymers. ACS Nano, 2008, 2: 1143-1152.

[29]　Harrison C, Adamson D H, Cheng Z, et al. Mechanisms of ordering in striped patterns. Science, 2000, 290: 1558-1560.

[30]　Mishra V, Fredrickson G H, Kramer E J. Effect of film thickness and domain spacing on defect densities in directed self-assembly of cylindrical morphology block copolymers. ACS Nano, 2012, 6: 2629-2641.

[31]　Olszowka V, Hund M, Kuntermann V, et al. Electric field alignment of a block copolymer nanopattern: direct observation of the microscopic mechanism. ACS Nano, 2009, 3: 1091-1096.

[32]　Knoll A, Lyakhova K S, Horvat A, et al. Direct imaging and mesoscale modelling of phase transitions in a nanostructured fluid. Nat Mater, 2004, 3: 886-891.

[33]　Horvat A, Knoll A, Krausch G, et al. Time evolution of surface relief structures in thin block copolymer films. Macromolecules, 2007, 40: 6930-6939.

[34]　Tsarkova L, Horvat A, Krausch G, et al. Defect evolution in block copolymer thin films via temporal phase transitions. Langmuir, 2006, 22: 8089-8095.

[35]　Tsarkova L, Knoll A, Magerle R. Rapid transitions between defect configurations in a block copolymer melt. Nano Lett, 2006, 6: 1574-1577.

[36]　Tong Q, Sibener S J. Visualization of individual defect mobility and annihilation within cylinder-forming diblock copolymer thin films on nanopatterned substrates. Macromolecules, 2013, 46: 8538-8544.

[37]　van Zanten J H, Monbouquette H G. Characterization of vesicles by classical light scattering. J Colloid Interface Sci, 1991, 146: 330-336.

[38]　Šlouf M, Lapčíková M, Štěpánek M. Imaging of block copolymer vesicles in solvated state by wet scanning transmission electron microscopy. Eur Polym J, 2011, 47: 1273-1278.

[39]　Regenbrecht M, Akari S, Förster S, et al. Shape investigations of charged block copolymer micelles on chemically different surfaces by atomic force microscopy. J Phys Chem B, 1999, 103: 6669-6675.

[40]　Webber G B, Wanless E J, Armes S P, et al. Adsorption of amphiphilic diblock copolymer micelles at the mica/solution interface. Langmuir, 2001, 17: 5551-5561.

[41]　Hamley I W, Connell S D, Collins S. *In situ* atomic force microscopy imaging of adsorbed block copolymer micelles. Macromolecules, 2004, 37: 5337-5351.

[42] Sheiko S S, Möller M. Visualization of macromoleculesa first step to manipulation and controlled response. Chem Rev, 2001, 101: 4099-4124.

[43] Gallyamov M O. Scanning force microscopy as applied to conformational studies in macromolecular research. Macromol Rapid Commun, 2011, 32: 1210-1246.

[44] Kumaki J, Nishikawa Y, Hashimoto T. Visualization of single-chain conformations of a synthetic polymer with atomic force microscopy. J Am Chem Soc, 1996, 118: 3321-3322.

[45] Daniel W F M, Burdyńska J, Vatankhah-Varnoosfaderani M, et al. Solvent-free, supersoft and superelastic bottlebrush melts and networks. Nat Mater, 2016, 15: 183-189.

[46] Percec V, Ahn C H, Ungar G, et al. Controlling polymer shape through the self-assembly of dendritic side-groups. Nature, 1998, 391: 161-164.

[47] Minko S, Kiriy A, Gorodyska G, et al. Single flexible hydrophobic polyelectrolyte molecules adsorbed on solid substrate: transition between a stretched chain, necklace-like conformation and a globule. J Am Chem Soc, 2002, 124: 3218-3219.

[48] Kiriy A, Gorodyska G, Minko S, et al. Single molecules and associates of heteroarm star copolymer visualized by atomic force microscopy. Macromolecules, 2003, 36: 8704-8711.

[49] Yu-Su S Y, Sun F C, Sheiko S S, et al. Molecular imaging and analysis of branching topology in polyacrylates by atomic force microscopy. Macromolecules, 2011, 44: 5928-5936.

[50] Xu H, Shirvanyants D, Beers K, et al. Molecular motion in a spreading precursor film. Phys Rev Lett, 2004, 93: 206103.

[51] Kumaki J, Kawauchi T, Yashima E. Reptational movements of single synthetic polymer chains on substrate observed by *in-situ* atomic force microscopy. Macromolecules, 2006, 39: 1209-1215.

[52] de Gennes P G. Scaling Concepts in Polymer Physics. Ithaca: Cornell University Press, 1979.

[53] Kumaki J. Observation of polymer chain structures in two-dimensional films by atomic force microscopy. Polym J, 2016, 48: 3-14.

[54] Orlov M, Tokarev I, Scholl A, et al. pH-responsive thin film membranes from poly (2-vinylpyridine): water vapor-induced formation of a microporous structure. Macromolecules, 2007, 40: 2086-2091.

[55] Parnell A J, Martin S J, Jones R A L, et al. Direct visualization of the real time swelling and collapse of a poly (methacrylic acid) brush using atomic force microscopy. Soft Matter, 2009, 5: 296-299.

[56] Henn D M, Fu W, Mei S, et al. Temperature-induced shape changing of thermosensitive binary heterografted linear molecular brushes between extended wormlike and stable globular conformations. Macromolecules, 2017, 50: 1645-1656.

[57] Murdoch T J, Humphreys B A, Willott J D, et al. Specific anion effects on the internal structure of a poly (N-isopropylacrylamide) brush. Macromolecules, 2016, 49: 6050-6060.

[58] Kopyshev A, Galvin C J, Patil R R, et al. Light-induced reversible change of roughness and thickness of photosensitive polymer brushes. ACS Appl Mater Interfaces, 2016, 8: 19175-19184.

[59] Benetti E M, Zapotoczny S, Vancso G J. Tunable Thermoresponsive polymeric platforms on gold by "photoiniferter"- based surface grafting. Adv Mater, 2007, 19: 268-271.

[60] Ishida N, Biggs S. Direct observation of the phase transition for a poly (N-isopropylacryamide) layer grafted onto a solid surface by AFM and QCM-D. Langmuir, 2007, 23: 11083-11088.

[61] Sui X, Zapotoczny S, Benetti E M, et al. Characterization and molecular engineering of surface-grafted polymer

brushes across the length scales by atomic force microscopy. J Mater Chem, 2010, 20: 4981-4993.

[62] Luzinov I, Julthongpiput D, Tsukruk V V. Thermoplastic elastomer monolayers grafted to a functionalized silicon surface. Macromolecules, 2000, 33: 7629-7638.

[63] Lim E, Tu G, Schwartz E, et al. Synthesis and characterization of surface-initiated helical polyisocyanopeptide brushes. Macromolecules, 2008, 41: 1945-1951.

[64] Macosko C W, Jeon H K, Hoye T R. Reactions at polymer-polymer interfaces for blend compatibilization. Prog Polym Sci, 2005, 30: 939-947.

[65] Jiao J B, Kramer E J, Vos S D, et al. Morphological changes of a molten polymer/polymer interface driven by grafting. Macromolecules, 1999, 32: 6261-6269.

[66] Lyu S P, Cernohous J J, Bates F S, et al. Interfacial reaction induced roughening in polymer blends. Macromolecules, 1999, 32: 106-110.

[67] Kim H Y, Jeong U, Kim J K. Reaction kinetics and morphological changes of reactive polymer-polymer interface. Macromolecules, 2003, 36: 1594-1602.

[68] Yin Z, Koulic C, Pagnoulle C, et al. Probing of the reaction progress at a PMMA/PS interface by using anthracene-labeled reactive PS chains. Langmuir, 2003, 19: 453-457.

[69] Kho D H, Chae S H, Jeong U, et al. Morphological development at the interface of polymer/polymer bilayer with an *in-situ* compatibilizer under electric field. Macromolecules, 2005 , 38: 3820-3827.

[70] Zhang J B, Lodge T P, Macosko C W. Interfacial morphology development during PS/PMMA reactive coupling. Macromolecules, 2005, 38: 6586-6591.

[71] Magerle R. Nanotomography. Phys Rev Lett, 2000, 85: 2749-2752.

[72] Franke M, Rehse N. Three-dimensional structure formation of polypropylene revealed by *in situ* scanning force microscopy and nanotomography. Macromolecules, 2008, 41: 163-166.

[73] Dietz C, Zerson M, Riesch C, et al. Nanotomography with enhanced resolution using bimodal atomic force microscopy. Appl Phys Lett, 2008, 92: 143107.

[74] Alekseev A, Efimov A, Lu K, et al. Three-dimensional electrical property mapping with nanometer resolution. Adv Mater, 2009, 21: 4915-4919.

[75] Efimov A E, Gnaegi H, Schaller R, et al. Analysis of native structures of soft materials by cryo scanning probe tomography. Soft Matter, 2012, 8: 9756-9760.

[76] Liedel C, Hund M, Olszowka V, et al. On the alignment of a cylindrical block copolymer: a time-resolved and 3-dimensional sfm study. Soft Matter, 2012, 8: 995-1002.

[77] Zerson M, Spitzner E C, Riesch C, et al. Subsurface mapping of amorphous surface layers on poly (3-hexylthiophene). Macromolecules, 2011, 44: 5874-5877.

[78] Spitzner E C, Riesch C, Szilluweit R, et al. Multi-set point intermittent contact (music) mode atomic force microscopy of oligothiophene fibrils. ACS Macro Lett, 2012, 1: 380-383.

[79] Ebeling D, Eslami B, Solares S D J. Visualizing the subsurface of soft matter: simultaneous topographical imaging, depth modulation, and compositional mapping with triple frequency atomic force microscopy. ACS Nano, 2013, 7: 10387-10396.

[80] Kimura K, Kobayashi K, Matsushige K, et al. Imaging of au nanoparticles deeply buried in polymer matrix by various atomic force microscopy techniques. Ultramicroscopy, 2013, 133: 41-49.

[81] Phang I Y, Liu T, Zhang W D, et al. Probing buried carbon nanotubes within polymer-nanotube composite matrices

by atomic force microscopy. Eur Polym J, 2007, 43: 4136-4142.

[82]   Thompson H T, Barroso-Bujans F, Herrero J G, et al. Subsurface imaging of carbon nanotube networks in polymers with DC-biased multifrequency dynamic atomic force microscopy. Nanotechnology, 2013, 24: 135701.

[83]   Spitzner E C, Riesch C, Magerle R. Subsurface imaging of soft polymeric materials with nanoscale resolution. ACS Nano, 2011, 5: 315-320.

4.1 引言 ◄◄◄

　　材料、生物医学、微电子及多学科交叉领域纳米科学与技术的飞速发展，以及各类器件系统的日益小型化和新型纳米材料的不断涌现，均对相应器件材料各种物理性能的快速、准确、无损且高分辨的表征提出迫切需求。而其中尤为重要的需求之一即是对微纳尺度下各种力学性能相关参量的定量评价，如微纳尺度下材料的强度、弹性、黏弹性及摩擦等特性。此外，将微纳尺度下器件材料力学性能与其宏观力学性能跨尺度关联的基础研究也迫切需要实验基础。因此实现微纳尺度材料和结构的力学行为表征是科学界和工程技术界共同关注的前沿问题，也是发展微纳尺度力学学科的基础。

　　正如"原子力显微镜"（AFM）的名称所示，该仪器的本质即是一个力的检测器。利用探针针尖与样品表面间力的相互作用，AFM 实现了对样品表面形貌的高分辨成像。同时，扫描过程中如果记录微悬臂的挠度与探针（样品）垂直运动的位移，即可得到如图 4.1 所示的微悬臂挠度/力-扫描管位置/位移曲线（简称力曲线）。获取力曲线的过程可分为两步，即探针加载和卸载过程。加载过程中，扫描管持续伸长，从而使探针逐渐接近样品并使其变形。当探针从无穷远处接近样品时（①），此过程中探针针尖与样品表面相距足够远，二者间相互作用力几乎为零或可以忽略，因此微悬臂也未受力的作用（图 4.1a）。扫描管继续伸长，当针尖与样品表面的距离足够近时，此时针尖开始受到样品表面引力的作用，微悬臂也因此开始受力的作用而逐渐向样品弯曲（图 4.1b）。当针尖与样品间相互作用力梯度超过微悬臂的弹性系数时，此时针尖会发生突跳并开始接触样品表面（突跳接触，jump-in）（②）。在这一刻，针尖在引力的作用下压入样品。随着扫描管继续伸长，施加在针尖上的作用力也逐渐增大。当表面引力和弹性斥力相等后，开始进入斥力区

（③），此时微悬臂向样品弯曲的程度增大（图 4.1c）。当微悬臂挠度（即施加的载荷）达到实验者指定的值时，加载过程结束。之后是探针的卸载过程。在此过程中，扫描管持续收缩，微悬臂的弯曲方向从向样品弯曲转为其相反方向（图 4.1d），针尖和样品表面间的相互作用力也逐渐由斥力转变为引力（④）。当微悬臂挠度达到某一值时，此时探针与样品表面发生突跳分离（jump-out）（⑤）。分离前微悬臂达到的最大挠度处的力称为最大黏附力或拉脱（pull-off）力。之后（图 4.1e），随着扫描管持续收缩，探针回到初始位置（⑥）。

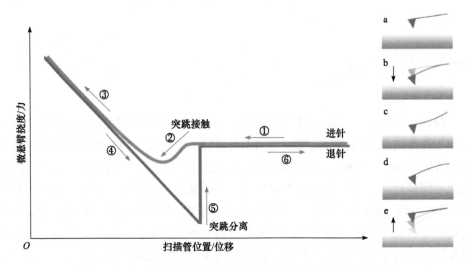

图 4.1   AFM 探针加载、卸载过程示意图及相应的力-位移曲线

图 4.2 为在不同样品表面所得 AFM 力-位移曲线示意图。这些曲线的一个最直观的应用即是可用来定性判断样品表面的力学性能，如表面黏附力的大小、模量的高低等。然而，如果要得到定量的数据，就需要借助力学接触模型来对力-位移曲线进行拟合分析，然后才能得到微纳尺度下材料表面的力学性能。因此掌握接触力学基础理论模型对于实现以 AFM 进行微纳尺度结构和器件力学性能的定量表征至关重要。

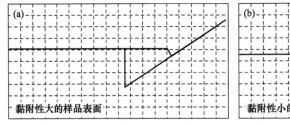
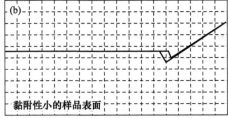

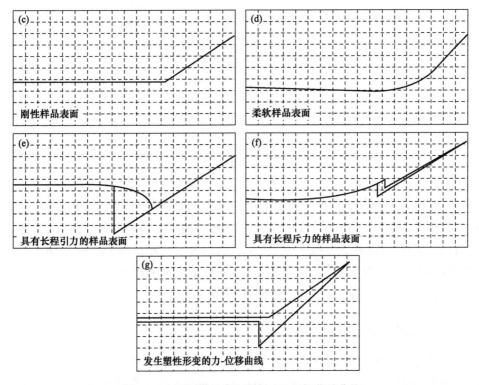

图 4.2　在不同样品表面所得 AFM 力-位移曲线

4.2　接触力学

接触力学是建立在连续介质力学和材料力学基础上，着重研究相互接触物体之间受力和变形问题的一门学科[1,2]。以传统接触力学理论解决宏观接触问题的方法已经非常成熟。然而，当研究对象的特征尺度减小到一定范围，尤其到纳米尺度时，在宏观尺度上被忽略的表面力(如范德瓦耳斯力、毛细力、静电力等)或可能成为影响系统力学行为的主导因素。大量研究表明两接触体在微纳米量级下的黏附相互作用决定着物体表面黏着、变形和能量耗散等力学行为。因此，接触力学对于理解 AFM 探针针尖与样品表面接触时的相互作用有着至关重要的作用。接触力学可以给出诸如给定载荷下探针针尖与样品的接触面积、压痕深度以及在针尖施加的应力等关键数据。获得这些参数之后，即可对 AFM 力-位移曲线进行拟合分析，并得到样品的各种力学性能。

　　本节中将介绍几种常用于 AFM 力-位移曲线分析的接触力学理论[3]。下面的讨论均假设接触发生在两个球之间，其中球的约化半径 R 定义为

$$R \equiv \left(\frac{1}{R_1}+\frac{1}{R_2}\right)^{-1} \tag{4-1}$$

约化杨氏模量 E^* 定义为

$$E^* \equiv \left(\frac{1-v_1^2}{E_1}+\frac{1-v_2^2}{E_2}\right)^{-1} \tag{4-2}$$

式中，R_1 和 R_2 分别为两个球的曲率半径；E_1 和 E_2 分别为两个球的杨氏模量；v_1 和 v_2 为泊松比。制备 AFM 探针的材料通常是硅或氮化硅，其杨氏模量远远大于聚合物材料，因此，式(4-2)中约化杨氏模量可近似为 $E^* = E/(1-v^2)$。式中，E 和 v 分别为样品的杨氏模量和泊松比。此外，为了简化处理程序，通常假定样品的表面为平滑表面。在此情况下探针针尖的曲率半径即为 R。

4.2.1　非黏附 Hertzian 接触模型

　　在不考虑表面间作用力的情况下，Hertz 在 1882 年最早解决了两个弹性球体的接触问题，即著名的非黏附 Hertzian 接触模型[4]。该模型假设接触区外部不存在相互作用，而接触区内部的正应力 p 在径向距离 r 区域内的分布呈椭圆形[图 4.3(a)]，即

$$p(r)=\frac{3P}{2\pi a^2}\left(1-\frac{r^2}{a^2}\right)^{1/2} \quad (r \leqslant a) \tag{4-3}$$

式中，P 为施加的法向载荷；a 为接触半径。该模型可以通过下式将接触半径 a 与法向载荷 P 关联起来：

$$P=\frac{4E^*a^3}{3R} \tag{4-4}$$

压入深度 δ 与接触半径 a 有如下关系：

$$\delta=\frac{a^2}{R}=\left(\frac{9P^2}{16RE^{*2}}\right)^{1/3} \tag{4-5}$$

　　Hertzian 接触模型一般适用于表面范德瓦耳斯力、静电力等与弹性斥力相比可忽略的情况，用于分析高负载下材料的弹性和塑性形变。

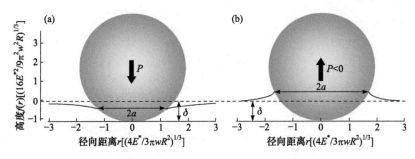

图 4.3　样品表面在刚性压头作用下发生的弹性形变示意图

(a) 非黏附 Hertzian 接触；(b) JKR 黏附接触

4.2.2　Bradley 刚体黏附接触模型

Hertzian 接触模型忽略了接触球体之间的黏附力，而事实上，当两接触体表面接近时，范德瓦耳斯力将发挥作用。Bradley 最先考虑了两个刚性球体间的黏附力[5]，即

$$P(z) = 2\pi wR \left[-\frac{4}{3} \left(\frac{z}{z_0} \right)^{-2} + \frac{1}{3} \left(\frac{z}{z_0} \right)^{-8} \right] \tag{4-6}$$

式中，z、z_0 和 w 分别为两表面间距离、平衡距离和表面能。范德瓦耳斯力在 $z > z_0$ 时表现为引力；而当 $z < z_0$ 时则表现为斥力；当 $z = z_0$ 时，式 (4-6) 取得最大值，即使两接触体完全分离的拉脱力：$P_{\text{pull-off}} = -2\pi wR$。

4.2.3　Johnson-Kendall-Roberts 黏附接触模型

Bradley 刚体黏附接触模型显然没有考虑接触体的变形。然而，到 20 世纪 60 年代，越来越多的实验研究表明，随着接触尺度的减小，接触体表面间的吸附作用不能再被忽略。因此，为了解决弹性体间黏附接触问题，Johnson 等利用弹性能和表面能的平衡关系，将 Hertzian 接触与黏附效应相结合，建立了著名的 Johnson-Kendall-Roberts (JKR) 黏附接触模型[6]。在该模型中，黏附只在接触区域内起作用，作用于接触区域的法向应力分布为

$$p(r) = p_1(r) + p_a(r) \tag{4-7}$$

式中，p_1 为 Hertzian 斥力；p_a 为由表面能引起的黏附拉力。p_1 由方程 (4-3) 给出，p_a 则由式 (4-8) 给出：

$$p_a(r) = -\left(\frac{2wE^*}{\pi a} \right)^{1/2} \left(1 - \frac{r^2}{a^2} \right)^{-1/2} \tag{4-8}$$

压入深度 δ 为

$$\delta = \frac{a^2}{R} - \sqrt{\frac{2\pi aw}{E^*}} \tag{4-9}$$

当考虑接触区域内表面能时，Hertzian 接触半径可写为

$$a^3 = \frac{3R}{4E^*}\left[P + 3\pi wR + \sqrt{6\pi wRP + (3\pi wR)^2} \right] \tag{4-10}$$

结合式（4-8）～式（4-10），体系最大拉脱力为

$$P_{\text{pull-off}} = -\frac{3}{2}\pi wR \tag{4-11}$$

需要指出的是，该结果与材料杨氏模量和泊松比无关。

图 4.3（b）为 JKR 接触模型示意图。该模型的特性之一是表现为黏附回滞，卸载时针尖和样品间会形成黏附颈缩（necking）。与图 4.3（a）相比，由于黏附力的存在，JKR 接触模型比 Hertzian 接触模型需要更大的接触面积和较小的载荷。因此，该模型适用于分析大曲率半径、高表面能和低弹性模量材料体系。

4.2.4　Derjaguin-Muller-Toporov 黏附接触模型

针对弹性体间黏附接触问题，Derjaguin 等在 1975 年提出了一种不同的黏附接触模型[7]。该模型是基于 Hertzian 接触理论的修正模型。假设两接触体仍按 Hertzian 接触模型变形，只是除了外部载荷外，同时引入了两球体接触区域外之间的黏附相互作用。在此情况下，即使无外部载荷，该黏附作用仍可使两接触体间产生一定的接触区域。此模型下作用于接触区域的法向应力分布为：$p(r) = p_1(r) + p_a(r)$。式中 p_1 为方程式（4-3）给出的 Hertzian 斥力；p_a 为分子间引力（<0）。因此，Derjaguin-Muller-Toporov（DMT）模型曲线与图 4.3（a）中的 Hertzian 曲线相同，但法向载荷较小。

在 DMT 模型中，压入深度 δ 与式（4-5）具有相同的形式，P 和 δ 有如下关系：

$$P = \frac{3}{4}E^* R^{1/2}\delta^{3/2} + P_a \tag{4-12}$$

当 $a = 0$ 时，$P_{\text{pull-off}} = -2\pi wR$。$P_a$ 变为与 Bradley 模型中相同的黏附力值。虽然 P_a 为接触半径 a 的函数，但在 Bradley 极限（$a \to 0$）附近，$P_a \approx P_{\text{pull-off}} = -2\pi wR$。在这种情况下，式（4-12）中 P 可以简化为

$$P = \frac{4E^* a^3}{3R} - 2\pi wR = \frac{4}{3}E^* R^{1/2}\delta^{3/2} - 2\pi wR \tag{4-13}$$

式(4-13)即为常见的 DMT 方程形式。DMT 接触模型适用于分析小曲率半径、低表面能和高弹性模量体系。

4.2.5　Tabor 数与 Maugis-Dugdale 黏附接触模型

比较 JKR 模型和 DMT 模型预测的拉脱力($P_{\text{pull-off}}$)时会发现两个模型给出的结果是不同的。这一矛盾的结果曾引发了长期的争论[8-10]。1977 年，Tabor 指出这实际上是因为两个模型均不满足表面变形和表面相互作用的协调关系。为此，Tabor 引入了无量纲数——Tabor 数(μ)，解决了上述的争论[11]。

$$\mu \equiv \left(\frac{Rw^2}{E^{*2}z_0^3}\right)^{1/3} \tag{4-14}$$

式中，z_0 为式(4-6)中的平衡距离。Tabor 数的物理意义可视为由黏附力引起的弹性形变量与表面力的有效作用范围的比值。JKR 和 DMT 两种理论模型分别代表黏附接触问题的两种极端情况，适用于不同的 Tabor 数值范围。研究表明，DMT 模型适用于具有较小 Tabor 数($\mu < 0.1$)的体系，即小曲率半径、低表面能的硬材料，而 JKR 模型适用于具有较大 Tabor 数($\mu > 5$)的体系，即大曲率半径、高表面能的软材料。

当 Tabor 数介于 0.1 和 5 之间时(即既不属于 JKR 模型，也不属于 DMT 模型的适用范围)，或者对于任意大小的 Tabor 数，就需要建立一种通用的黏附接触模型。Maugis 为此利用断裂力学的 Dugdale 理论[12]进一步发展了 Tabor 方法，给出了 JKR 模型和 DMT 模型之间过渡区域的解析解，称为 Maugis-Dugdale(M-D)黏附接触模型[13]。该模型假设表面间距从 z_0 至 z_0+h 范围变化时产生一个恒定的黏附应力 σ_0，其与 w 具有 $\sigma_0 = w/h_0$ 的关系。在黏附力作用区内和接触区周边附近存在一个环形内聚力区($a \leqslant r \leqslant c$)，接触表面在该区域内仅受恒定黏附应力 σ_0 作用。在这种情况下，接触应力分布为

$$p(r) = \begin{cases} \dfrac{2E^*}{\pi R}\sqrt{a^2-r^2} - \dfrac{2\sigma_0}{\pi}\arctan\sqrt{\dfrac{c^2-a^2}{a^2-r^2}} & r \leqslant a \\ -\sigma_0 & a \leqslant r \leqslant c \end{cases} \tag{4-15}$$

Maugis 还定义了一个和 Tabor 数等价的无量纲参数：

$$\lambda = \sigma_0 \left(\frac{9R}{2\pi wE^{*2}}\right)^{1/3} \tag{4-16}$$

来描述各参数对接触面积的影响。Maugis 设定 σ_0 与 Lennard-Jones 势的应力相等，

此时 $h = 0.97z_0$ ，从而得 $\lambda = 1.16\mu$ ，表明 λ 与 μ 几乎等价。结果也证明对于较小的 λ （ $\lambda < 0.1$ ）， M-D 模型理论计算值与 DMT 模型理论预测值相符；而当 λ 较大时 （ $\lambda > 5$ ）， M-D 模型结果接近 JKR 模型理论预测值。由于 M-D 模型能够处理具有任意 Tabor 数的材料体系，同时又将 DMT 和 JKR 两种模型作为特例包括其中，因此，其应用范围更加广泛。

4.2.6 黏附图

1997 年，Johnson 和 Greenwood 基于 M-D 模型建立了以 Maugis 数 λ （或 Tabor 数 μ ）和无量纲载荷 $P / \pi w R$ 为坐标轴的黏附图[14]，用以描述两球体之间的弹性接触（图 4.4）。依据此图可以选择给定条件下最合适的接触力学模型。

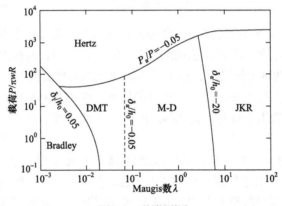

图 4.4 黏附图[14]

各个区域的边界遵循以下条件。

（1）在大载荷下，可以忽略黏附力的作用。在黏附图中，Hertz 区域为 $|P_a / P| < 0.05$ 。

（2）当由黏附力导致的弹性形变量（ δ_a ）与黏附力作用范围（ h_0 ）的比值 $|\delta_a / h_0| > 20$ 时，即为 JKR 区；而当 $|\delta_a / h_0| < 0.05$ 时，即为 DMT 区。

（3）当材料模量较高而施加应力非常小时，此时应力导致的形变小于黏附力作用范围，即当边界条件 $|\delta_l / h_0| < 0.05$ 时，为 Bradley 区。

在这里以表征异戊橡胶（isoprene rubber，IR）的杨氏模量来选取接触力学模型为例。聚合物的 z_0 通常在 0.1～0.2 nm 范围内[15]。为了简化，可以定为 $z_0 = 0.2$ nm。对于 Lennard-Jones 势，黏附应力 $\sigma_0 = 1.03w/z_0$ ，因此，可以用式（4-16）来计算 Maugis 数 λ 。IR 的模量 E^* 为 2.5 MPa、$w = 0.15$ N/m、$R = 15$ nm，由此可得 $\lambda = 220 \gg 1$ 。因此，反过来，若表征 IR 的模量，选用 JKR 模型最相符。

4.3　AFM 纳米力学图谱　⋘

在理解上述接触力学的基础上，即可选取相应的模型对 AFM 获得的力-位移曲线进行拟合分析，进而得到需要的力学性能，如杨氏模量、表面能等。图 4.5(a)为表征异戊橡胶(IR)力学性能获得的典型力-位移曲线，从而给出了微悬臂挠度(Δ)与扫描管(探针)位移($z-z_0$)之间的关系。IR 在施加给定载荷(P)的情况下的形变量(δ)可通过由扫描管位移减去微悬臂挠度来计算，即 $\delta = z-z_0-\Delta$。另外，P 的大小可由胡克定律计算得到，即微悬臂弹性系数(k)与其挠度的乘积($P=k\Delta$)。由此，可将力-位移曲线转换为图 4.5(b)的力-形变曲线。

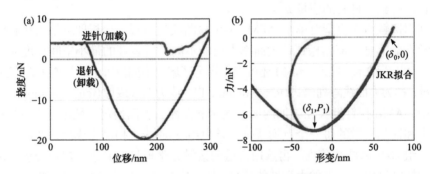

图 4.5　IR 典型力-位移和力-形变曲线

(a)微悬臂挠度-扫描管位移曲线；(b)由(a)转换所得力-形变曲线(蓝色曲线)及应用 JKR 接触力学模型对其进行拟合的结果(紫红色曲线)

接下来即是应用合适的接触力学模型对力-形变曲线进行拟合分析。实际上即使模量为 3 GPa 的工程塑料，其 Maugis 数为 1.0～2.0，仍远离 DMT 区。因此大多数聚合物材料，从凝胶、橡胶再到塑料，均位于 JKR 模型适用区间。本实例中样品为IR，因此需选用 JKR 模型。由于 AFM 实验中很难精确地找到初始接触点，因此这里利用 JKR 接触模型并结合两点法[16]对所获得的力-形变曲线进行拟合分析。

在该方法中，表面能可由式(4-11)获得：

$$w = -\frac{2P_1}{3\pi R} \tag{4-17}$$

式中，P_1 对应黏附力达到最大的点[图 4.5(b)中的(δ_1, P_1)]。

为了计算杨氏模量，JKR 模型利用穿过力-形变曲线上两点的方法进行拟合：一个点是引力和斥力相等的点[图 4.5(b)中的$(\delta_0, 0)$]，另一个点即是(δ_1, P_1)。由式(4-9)可得：

$$\delta_0 = -\frac{1}{3}\left(\frac{9P_1^2}{E^{*2}R}\right)^{1/3} \tag{4-18}$$

$$\delta_1 = -\frac{1}{3}\left(\frac{9P_1^2}{16E^{*2}R}\right)^{1/3} \tag{4-19}$$

结合方程式(4-10)可得 IR 约化杨氏模量 E^*：

$$E^* = -\frac{3}{4}\left(\frac{1+\sqrt[3]{16}}{3}\right)^{3/2}\frac{P_1}{\sqrt{R(\delta_0-\delta_1)^3}} \tag{4-20}$$

由式(4-20)可见，由于只使用了压入深度的差值 $\delta_0-\delta_1$，从而无需测定初始接触点的位置即可获得材料的模量 E^*。

利用接触力学模型对单个 AFM 力-位移曲线进行拟合分析即可给出接触区域的力学性能信息。依据探针针尖曲率半径的不同，可表征的最小空间尺度通常为几纳米至几十纳米。此外，AFM 还可以在指定区域的不同位置上进行连续力-位移曲线测量，称为力曲线阵列模式(force volume，FV)或力曲线成像(force mapping)[17-24]。实验中，AFM 探针针尖在施加的恒定载荷下在样品表面指定区域进行逐点扫描，在针尖和样品接触的每一个点均获得一条力-位移曲线。扫描完成后，即可得该区域的一组力-位移曲线阵列。再选用合适的接触力学模型对其进行拟合分析，进而得到扫描区域内每一点的力学性能信息，如杨氏模量、表面能等。以这些力学性能分布成像，如杨氏模量分布图、表面能分布图等，即为 AFM 纳米力学图谱(包括AFM 纳米压痕)。

4.4　AFM 纳米力学图谱应用　　◀◀◀

聚合物具有独特的多尺度复杂结构，其微观结构可分为链结构和凝聚态结构。由结构单元重复连接而成的聚合物分子链具有复杂的拓扑结构，而凝聚态结构则由大量的分子链依靠分子内和分子间的范德瓦耳斯相互作用凝聚而成，表现为晶态和非晶态(玻璃态和橡胶态)。在空间尺度上，聚合物结构跨越了从价键长度为埃的单体链节到纳米尺度的链段和大分子链，再到微米以及更大尺度上多相体系的相结构，达 7~8 个数量级。因此，聚合物是具有近程、远程和凝聚态多个层次，跨越埃、纳米及微米多个空间尺度的复杂结构。结构决定材料的性能，聚合物的多尺度复杂结构决定了其性能在空间分布上具有异质性。然而由于分辨率的限制，传统的测试方法很难实现在微纳尺度上对聚合物进行力学性能的表征。因此，AFM 纳米力学图谱技术的出现则为该领域的研究提供了强有力的补充。目前该技术已广泛用于各类聚合物微观结构与力学性能的研究，如嵌段共聚物相分离[25-28]、聚合物刷[29-31]、聚合物多层膜[32,33]、聚合物共混及纳米复合材料等[34-41]。在本章中仅选取三个有代表性并且利用别的表征技术很难实施的研究领域作一介绍。

4.4.1　聚合物纳米纤维

聚合物纳米纤维在增韧增强、催化、传感及生物医学等领域有着广泛的应用。同时，纳米纤维也是存在于各级生物系统中的一种基本结构单元。因此，定量表征单根纳米纤维的力学性能，理解其微观结构与性能间的相互关系具有重要意义。然而，由于制样复杂和设备分辨率的限制，对单根纳米纤维力学性能的表征一直是该研究领域的难点。而 AFM 纳米力学的出现已使其成为一种研究纳米纤维力学性能的有效、可靠的表征技术[42-46]。

图 4.6(a)为淀粉样纤维(amyloid fibril)的 AFM 形貌图，显示了该纤维由更细的纤维缠结而成，形成直径为 10 nm 左右的束状形貌。以 AFM 纳米压痕在(a)图中所示不同位置可得相应的力-位移曲线[图 4.6(b)]，再利用 4.2 中介绍的 Hertzian 接触力学模型进行拟合，得到纤维的杨氏模量[图 4.6(c)]。结果显示，随纤维直径

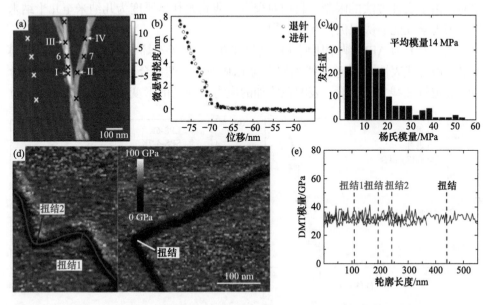

图 4.6　(a)淀粉样纤维 AFM 形貌图[45]；(b)在(a)中所示位置Ⅲ处所得力-位移曲线；(c)将力-位移曲线经 Hertzian 接触力学模型拟合后所得纤维表面的杨氏模量分布；(d)木质纳米纤维素杨氏模量分布图；(e)(d)中所示纤维及扭结的杨氏模量变化[46]

减小，其杨氏模量逐渐降低，且远小于球蛋白的杨氏模量，表明淀粉纤维中分子链的堆积密度较小。研究还发现，即使在同一纤维内部，不同位置的杨氏模量也不同，为 5～50 MPa，具有较宽的分布。因此，AFM 纳米压痕研究结果表明，虽然淀粉样纤维看起来都具有均一的微观结构，但实际上不同纤维、同一纤维的不同位置，其微观结构均具有异质性[45]。

AFM 纳米压痕一般只对特定位置的力学性能进行表征，而 AFM 纳米力学图谱可实现对材料力学性能分布的表征[46]。图 4.6(d) 为单根木质纳米纤维素（cellulose nanofibril，CNF）的杨氏模量分布图。由 DMT 接触力学模型拟合得到其杨氏模量为 (34.4 ± 5.3) GPa。沿纤维轮廓方向可得其杨氏模量分布[图 4.6(e)]。结果显示，在木质 CNF 的扭结（kink）区，其模量并未明显下降，而是与 CNF 其他部分的模量一致，即微观结构也一致。目前普遍认为 CNF 的微观结构是由非晶区和晶区沿纤维轮廓方向交替组成的。而 AFM 纳米力学图谱结果表明扭结区并非非晶区。扭结的形成是由 CNF 制备过程导致的。

4.4.2 聚合物薄膜

聚合物薄膜和超薄膜在纳米电子学、纳米压印、涂层及生物传感器等领域有着广泛的应用前景。其力学性能的优劣则成为能否实现上述各种应用的关键因素。然而，由于表征方法的限制，目前对聚合物薄膜尤其是厚度为几纳米至几十纳米超薄膜力学性能的认识仍很有限[47-52]。

图 4.7(a) 为 AFM 纳米压痕在厚度为 870 nm 聚苯乙烯（polystyrene，PS）薄膜上采集所得代表性力-位移曲线和相应的 JKR 力学模型拟合分析。图中 AFM 进针曲线和退针曲线完全重合，表明在施加的应力下样品的形变为纯弹性形变。通过

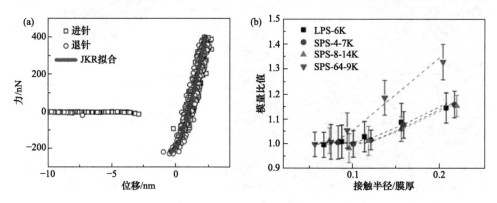

图 4.7　(a) AFM 纳米压痕在膜厚 870 nm、"臂"数 64 的星形 PS 上所得典型力-位移曲线，红实线为对退针曲线的 JKR 拟合；(b) AFM 纳米压痕所测薄膜的模量/PS 本体模量与针尖接触半径/膜厚的关系（图中 4、8、64 分别为星形 PS 的"臂"数，6K 代表每一条"臂"的重均分子量为 6000）[48]

比较"臂"数不同的星形 PS(star-shaped PS,SPS)薄膜的杨氏模量,研究发现当膜厚低于临界值时,与线形 PS(LPS)和具有 4 个及 8 个"臂"的 SPS 相比,具有 64 个"臂"的 SPS,其杨氏模量随膜厚的减小,增大得更明显[图 4.7(b)],表明"臂"数多的 PS,其链堆积更紧密,从而可以更有效地传递由 AFM 纳米压痕产生的应力场[47,48]。研究还发现薄膜和基板间的相互作用也会影响薄膜的模量。当聚甲基丙烯酸甲酯[poly(methyl methacrylate),PMMA]与基板间存在强相互作用时,基板附近的 PMMA 比其本体具有更高的杨氏模量[49]。同样,AFM 纳米力学图谱对聚乙酸乙烯酯[poly(vinyl acetate),PVAc]薄膜的研究也表明,基板和薄膜间强相互作用引起的纳米受限会显著影响聚合物的模量和黏弹响应[50]。因此,AFM 纳米力学图谱对聚合物薄膜力学性能的研究为认识其与膜厚的关系提供了新方法。

4.4.3 聚合物共混物及复合材料

聚合物共混物及复合材料由于具有组分可调、性能可控、成本低及易加工等优势,在从社会民生到国防军工等各个领域都有着十分广泛的应用。通常对这类材料微观结构的表征以扫描电镜和透射电镜为主。然而当体系中包含多元组分,或存在组分难染色、组分配比相近、由于组分电子云密度相似导致电镜图像对比度较低的情况时,此时以常规技术进行微观结构表征则面临较大困难。AFM 纳米力学图谱以组分力学性能的分布成像,组分间的力学性能即使有微弱差异,也可反映在模量、黏附能或耗散能的差别上,从而可实现对微观结构的高分辨表征。目前,AFM 纳米力学图谱已成为表征聚合物共混物及复合材料微观结构与力学性能的强有力工具。

1. 形貌

图 4.8(a)为聚乙烯(PE)/尼龙 6(PA6)/苯乙烯-乙烯-丁烯-苯乙烯嵌段共聚物(SEBS)三元共混物的杨氏模量分布图[53]。图中颜色的深浅代表模量的高低:亮色区域具有较高的杨氏模量,为 PA6 分散相;暗色区域具有较低的杨氏模量,为 SEBS 分散相。暗黄色区域的模量处于中间,为 PE 基体相。因此利用杨氏模量分布图即可进行组分识别,同时实现了对该三元共混物形貌的表征。图 4.8(c)为(a)的杨氏模量分布,再利用高斯函数对每个峰进行拟合可得三个组分的杨氏模量。对 PA6 拟合分析可得其杨氏模量为 (2.27 ± 0.30) GPa、PE 为 (1.60 ± 0.21) GPa,而 SEBS 为 (158.2 ± 26.8) MPa。所得 PA6 和 PE 的杨氏模量均与其本体值相符,而 SEBS 的杨氏模量远大于其本体值。这可归因于施加同样大的应力下,与 PA6 和 PE 相比,SEBS 将产生更大的形变,导致测得的模量偏高。该三元共混物中 PE/PA6 和 PA6/SEBS 均不相容,PE/SEBS 部分相容。为了制备力学性能优异的三元共混物,

通常需要加入带有多官能团的增容剂(如马来酸酐-苯乙烯多单体熔融接枝的 PE)以增大两两相界面的黏结。图 4.8(b)为加入 15 wt%增容剂后三元共混物杨氏模量分布图。对比图 4.8(a)与(b)可见,未加增容剂时,分散相 PA6 和 SEBS 尺寸大,分布不均,形成了 SEBS 包封或部分包封 PA6 的核壳微观结构。而加入增容剂后,分散相 PA6 和 SEBS 的尺寸明显变小,尤其是 PA6 相,而且其尺寸分布更为均匀,形成了大量以 SEBS 包封或部分包封刚性 PA6 的核壳结构。因此,AFM 纳米力学图谱不仅实现了对多元共混物微观结构及演化的表征,还可同时得到不同组分的力学性能。

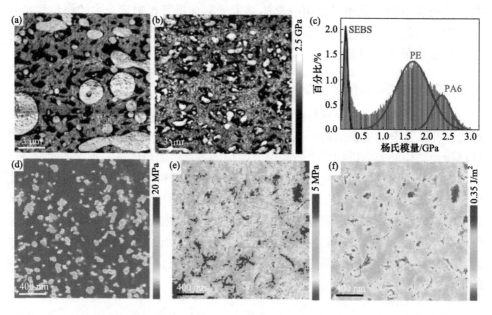

图 4.8   PE/PA6/SEBS 三元共混物增容前(a)和添加 15 wt%增容剂后(b)杨氏模量分布图;(c)(a)的杨氏模量分布[53];(d)炭黑(30 phr)/天然橡胶复合材料杨氏模量分布图;(e)与(f)分别为碳纳米管(5 phr)/天然橡胶纳米复合材料的杨氏模量与黏附能分布图[34]

AFM 纳米力学图谱不仅可实现对多元聚合物共混物微观结构的表征,其高分辨能力还适用于对纳米填料在聚合物基体中分散的表征[34,38,39]。图 4.8(d)~(f)分别为炭黑和多壁碳纳米管增强天然橡胶的力学性能分布图[34]。如图所示,杨氏模量分布图和黏附能分布图均表明炭黑和碳纳米管均匀分散于橡胶基体中。

2. 界面结构与性能

界面是聚合物共混物及复合材料的重要组成部分。界面的微观结构(形貌、界面层厚度等)与性能是决定所制备复合材料最终使用性能的关键因素。对于聚合物纳米复合材料，聚合物与纳米粒子间的界面相互作用决定了纳米粒子在聚合物基体中的分散以及最终的力、电、热等使用性能。对于聚合物共混物，聚合物-聚合物间相互作用决定了形成界面的形貌、界面层厚度的大小，进而决定了界面的黏结、剥离以及断裂力学。然而，无论对于聚合物共混物还是复合材料，其界面的空间尺度通常很小，一般仅为几纳米至几百纳米，目前常用的表征方法在研究界面结构方面仍存在很大局限。例如，在过去的几十年中，中子散射和反射、动态二次离子质谱(dynamic secondary ion mass spectroscopy，DSIMS)、FRES(forward recoil spectroscopy)等常用来表征聚合物共混物及复合材料的界面层厚度[54-58]。然而，这些技术通常需要对聚合物中某一种组分进行选择性标记(如氘代)，所表征的聚合物种类通常也仅限于几种标样聚合物(如聚苯乙烯/聚甲基丙烯酸甲酯体系)。更重要的是，这些技术中没有一种可以同时提供与材料最终使用性能紧密相关的界面形貌和界面处力学性能信息。

AFM 纳米力学图谱的高分辨率、可以同时提供微观结构与力学性能信息的功能为聚合物共混物及复合材料界面结构与性能的表征提供了新的解决思路。图 4.9(a)与(b)为聚烯烃弹性体(POE)/尼龙 6(PA6)共混物反应增容前后界面处的杨氏模量分布图[36]。红色区域具有较低的杨氏模量，为 POE 组分；蓝色区域具有较高的杨氏模量，为 PA6 组分。由杨氏模量分布并经高斯函数拟合可得 POE 杨氏模量为(25.5 ± 3.6) MPa，PA6 为(2.7 ± 0.4) GPa，其值与二者的本体杨氏模量相符。POE 与 PA6 不相容。增容前，杨氏模量分布图中 POE 和 PA6 间的界面平滑，表明二者相互作用非常弱；而增容后，可明显看到由增容导致的界面粗化，表明反应增容原位生成的嵌段共聚物降低了两相间的界面张力，增加了两相间的相互作用。因此，AFM 纳米力学图谱利用组分间力学性能的差异，由所得杨氏模量分布图即可直观揭示增容前后界面微观形貌的变化。更重要的是，利用该方法还可获得界面处每一点的力学性能信息。如图 4.9(c)所示，对图 4.9(b)中界面处标记位置所得力-形变曲线进行 JKR 拟合可得该处杨氏模量为 298 MPa。

对于聚合物纳米复合材料，AFM 纳米力学图谱实现了其界面层厚度的定量化。图 4.9(d)为氢化丁腈橡胶(hydrogenated nitrile butadiene rubber，HNBR)与炭黑纳米复合材料的 AFM 高度图和模量分布图[59]。分别在高度和模量分布图中沿同一炭黑做剖面分析可得高度和模量随距离变化的曲线。结果表明，对于同一炭黑区域，其模量-距离曲线总比高度-距离曲线宽30～40 nm，从而可得炭黑填充橡胶体系中界面层或结合橡胶(bound rubber)相的厚度不超过20 nm。界面结合橡胶相的模量为(53 ± 11) MPa，比橡胶基体的(4 MPa)大约高一个数量级。上述研究结论进一步得到了 AFM 纳米压痕结合有限元模拟实验的验证[60,61]。研究表明结合橡胶相由两部分组成。一部分为厚度 10 nm、模量至少为 250 MPa 的紧密结合橡胶相，另一部分为厚度 30 nm、模量约 7 MPa 的松散结合橡胶相[图 4.9(e)][60]。因此，利用高分辨和可以同时提供微观结构与力学性能的优势，AFM 纳米力学图谱解决了聚合物共混物及复合材料研究中界面层厚度和界面处力学性能表征的难题[62-64]。

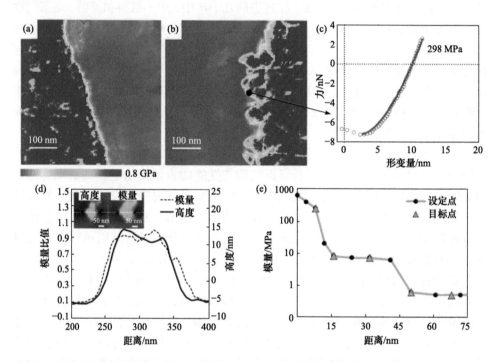

图 4.9　POE/PA6 共混物未增容(a)和增容后(b)界面处杨氏模量分布图；(c)(b)中所示位置的力-形变曲线及利用 JKR 拟合所得此处的杨氏模量[36]；(d)HNBR/炭黑复合材料中在同一炭黑区域所得的高度和模量与距离的曲线[59]；(e)有限元模拟所得模量-距离曲线[60]

　　AFM 纳米力学图谱测定界面层厚度的能力使该方法可以进一步应用到聚合物扩散动力学的研究中。当聚合物/聚合物或聚合物/纳米粒子相容或部分互容时，若对其双层膜在一定温度下退火，则两组分将在界面间发生扩散。若两聚合物或聚合物/纳米粒子的力学性能存在差异，则扩散将导致界面处力学性能发生变化。利用 AFM 纳米力学图谱监测界面处力学性能的变化即可得界面层厚度。图 4.10 为聚氯乙烯(PVC)/聚己内酯(PCL)在 72℃扩散不同时间后界面处杨氏模量分布图和相应的杨氏模量-距离曲线[65]。如图所示，当扩散 5 min 时，其界面区域极窄[(a)和(a′)]。随着扩散时间的延长，界面不断增厚，其相应的杨氏模量-距离曲线也变宽。利用误差函数对曲线进行拟合，即可得到在不同温度扩散后和扩散不同时间后的界面层厚度，从而实现对体系扩散活化能和扩散速率的定量表征。因此，AFM 纳米力学图谱解决了部分聚合物（如两环氧基动态交联聚合物间）或纳米粒子扩散体系中界面扩散行为难以表征的难题[66-68]。

3. 应变下的微观结构与力学性能演化

研究聚合物拉伸形变过程中微观结构及力学性能的演化对深入理解其结构-性能相互关系、指导先进聚合物的设计制备具有重要的理论意义和实用价值。以往对该领域的研究以倒易空间方法为主，如基于 X 射线，尤其是基于同步辐射的各种 X 射线技术，包括广角 X 射线衍射（wide-angle X-ray diffraction，WAXD）和小角 X 射线散射（small-angle X-ray scattering，SAXS)[69-74]。这些方法可获得聚合物形变过程中微观结构演化的统计平均值。而以实空间方法研究形变过程中聚合物微观结构及力学性能的演化一直是该领域的研究难点。

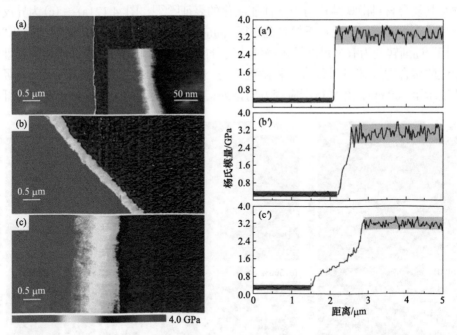

图 4.10　PVC/PCL 在 72℃分别退火 5 min(a)、20 min(b) 和 50 min(c) 后界面区杨氏模量分布图；(a′)、(b′) 和 (c′) 分别为相应的垂直于 PVC/PCL 界面的杨氏模量-距离曲线[65]

AFM 纳米力学图谱方法可以同时提供材料的微观结构与力学性能信息，这一功能为研究聚合物在应变下微观结构与力学性能的演化提供了便利[75-83]。图 4.11 为一台用于聚合物沿轴向方向拉伸的装置示意图。当样品拉伸到一定应变时，即可利用 AFM 对该应变下样品的微观结构与力学性能进行表征。

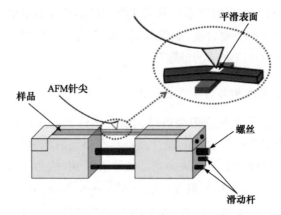

图 4.11   用于 AFM 表征聚合物微观结构与力学性能演化的拉伸装置示意图

利用 AFM 纳米力学图谱结合图 4.11 微型拉伸装置，可以实现对一系列聚合物及其复合材料微观结构与力学性能演化的表征[75-78]。图 4.12（a）～（c）为异戊橡胶（IR）在不同应变下的杨氏模量分布图。随应变从 0% 到 500%，IR 微观结构从"均一相"逐渐转变为有多尺度纳米微纤均匀分散于 IR 基体、与纳米纤维增强弹性体相似的聚合物/纳米纤维复合材料微观结构。微纤由 IR 应变诱导结晶形成，直径从几纳米至 100 nm，并平行于应变方向排列；未形成微纤的无定形分子链将微纤相

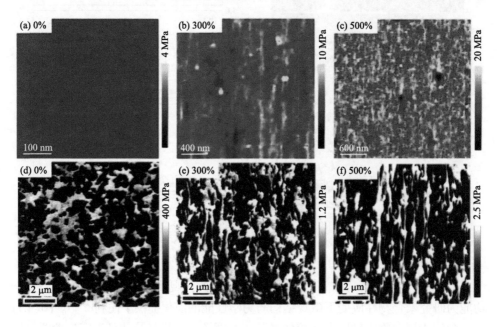

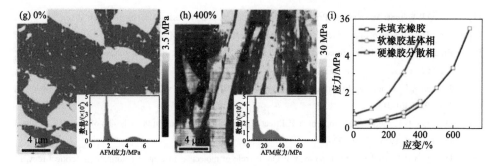

图 4.12　IR 在应变为 0%(a)、300%(b) 和 500%(c) 时杨氏模量分布图[75]；PP/EPDM TPV 在应变为 0%(d)、300%(e) 和 500%(f) 时杨氏模量分布图[77]；硬橡胶/软橡胶共混物在应变为 0%(g) 和 400%(h) 时杨氏模量分布图；(i) 随应变增加未填充橡胶(Homo-1.5)、橡胶共混物中硬橡胶分散相(3R-particles) 和软橡胶基体相(3R-matrix) 的应力变化[78]

连，从而在高应变 IR 中形成网络结构。该网络结构的形成可极大地增加 IR 在高应变下的应力，从而实现橡胶的自增强[75-76]。

对于聚合物共混物，图 4.12(d)～(f) 为聚丙烯(PP)/三元乙丙橡胶(EPDM)热塑性硫化橡胶(thermoplastic vulcanizate，TPV) 在不同应变下的杨氏模量分布图。其中亮色区域具有高的杨氏模量，为 PP 组分；暗色区域模量较低，为 EPDM 组分。研究发现，塑性形变起始于细小的 PP 微区，然后大的 PP 微区随应变增加逐步发生形变。在高应变下 PP 微区沿拉伸方向高度取向，形成高长径比韧带状结构。因此，微观结构演化的研究表明 PP 的非均匀形变是导致该 TPV 高弹性的关键因素[77]。

AFM 纳米力学图谱表征力学性能的一个优势是可以将不同组分对复合材料力学性能的贡献进行分别统计。图 4.12(g) 和 (h) 为高交联度(硬)橡胶/低交联度(软)橡胶共混物在不同应变下的杨氏模量分布图[78]。拉伸过程中，低交联度的软橡胶基体赋予橡胶共混物较大的形变，而高交联度的硬橡胶分散相在应变下取向。例如，在 400% 应变下，具有高交联度的橡胶形成近似条带状的微观结构。此时橡胶分子链高度取向，使该共混物在拉伸过程中获得高强度。对共混物中不同组分力学性能的统计分析表明，形变过程中软橡胶组分的应力-应变曲线与未填充橡胶体系相似[图 4.12(i) 中黑线与红线]，即随应变增加，其应力增加较慢。而硬橡胶组分随应变增加，其应力迅速增大[图 4.12(i) 中蓝线]。因此，AFM 纳米力学图谱结果表明，在应变过程中，硬橡胶组分对该体系的增强起了关键作用，并赋予了这一复合材料高强度和低能量损耗的优异力学性能。

参 考 文 献

[1]　Popov V L. Contact Mechanics and Friction, Physical Principles and Applications. London: Springer, 2010.

[2]　Barber J R. Contact Mechanics. London: Springer, 2018.

[3]   Guo Q P. Polymer Morphology: Principles, Characterization, and Processing. Hoboken: Wiley, 2016.

[4]   Hertz H. Ueber die berührung fester elastischer körper. J Reine Angew Math, 1882, 92: 156-171.

[5]   Bradley R S. The cohesive force between solid surfaces and the surface energy of solids. Philos Mag, 1932, 13: 853-862.

[6]   Johnson K L, Kendall K, Roberts A D. Surface energy and the contact of elastic solids. Proc R Soc London A, 1971, 324: 301-313.

[7]   Derjaguin B V, Muller V M, Toporov Y P. Effect of contact deformations on the adhesion of particles. J Colloid Interface Sci, 1975, 53: 314-326.

[8]   Derjaguin B V, Muller V M, Toporov Y P. On the role of molecular in contact deformations (critical remarks concerning Dr. Tabor's report). J Colloid Interface Sci, 1978, 67: 378-379.

[9]   Tabor D. On the role of molecular in contact deformations (critical remarks concerning Dr. Tabor's report). J Colloid Interface Sci, 1978, 67: 380.

[10]   Derjaguin B V, Muller V M, Toporov Y P. On different approaches to the contact mechanics. J Colloid Interface Sci, 1980, 73: 293.

[11]   Tabor D. Surface forces and surface interactions. J Colloid Interface Sci, 1977, 58: 2-13.

[12]   Dugdale D S. Yielding of stress sheets containing slits. J Mech Phys Solids, 1960, 8: 100-104.

[13]   Maugis D. Adhesion of spheres: the JKR-DMT transition using a Dugdale model. J Colloid Interface Sci, 1992, 150: 243-269.

[14]   Johnson K L, Greenwood J A. An adhesion map for the contact of elastic spheres. J Colloid Interface Sci, 1997, 192: 326-333.

[15]   Israelachvili J N. Intermolecular and Surface Forces. 3rd ed. London: Academic Press, 2011.

[16]   Sun Y, Akhremitchev B, Walker G C. Using the adhesive interaction between atomic force microscopy tips and polymer surfaces to measure the elastic modulus of compliant samples. Langmuir, 2004, 20: 837-5845.

[17]   Tsukruk V V, Singamaneni S. Scanning Probe Microscopy of Soft Matter: Fundamentals and Practices. Weinheim: Wiley-VCH, 2011.

[18]   Cappella B, Dietler G. Force-distance curves by atomic force microscopy. Surf Sci Rep, 1999, 34: 1-104.

[19]   Butt H J, Cappella B, Kappl M. Force measurements with the atomic force microscope: technique, interpretation and applications. Surf Sci Rep, 2005, 59: 1-152.

[20]   Sahin O, Erina N. High-resolution and large dynamic range nanomechanical mapping in tapping-mode atomic force microscopy. Nanotechnology, 2008, 19: 445717.

[21]   Wang D, Fujinami S, Nakajima K, et al. True surface topography and nanomechanical mapping measurements on block copolymers with atomic force microscopy. Macromolecules, 2010, 43: 3169-3172.

[22]   McConney M E, Singamaneni S, Tsukruk V V. Probing soft matter with the atomic force microscopies: imaging and force spectroscopy. Polym Rev, 2010, 50: 235-286.

[23]   Dokukin M E, Sokolov I. Quantitative mapping of the elastic modulus of soft materials with HarmoniX and PeakForce QNM AFM modes. Langmuir, 2012, 28: 16060-16071.

[24]   Garcia R. Nanomechanical mapping of soft materials with the atomic force microscope: methods, theory and applications. Chem Soc Rev, 2020, 49: 5850-5884.

[25]   Wang D, Fujinami S, Liu H, et al. Investigation of true surface morphology and nanomechanical properties of poly (styrene-b-ethylene-co-butylene-b-styrene) using nanomechanical mapping: effects of composition. Macromolecules, 2010, 43: 9049-9055.

[26] Lorenzoni M, Evangelio L, Verhaeghe S, et al. Assessing the local nanomechanical properties of self-assembled block copolymer thin films by peak force tapping. Langmuir, 2015, 31: 11630-11638.

[27] Chen Q, Schonherr H, Vansco G J. Mechanical properties of block copolymer vesicle membranes by atomic force microscopy. Soft Matter, 2009, 5: 4944-4950.

[28] Wu S, Guo Q, Zhang T, et al. Phase behavior and nanomechanical mapping of block ionomer complexes. Soft Matter, 2013, 9: 2662-2672.

[29] Duner G, Thormann E, Dedinaite A, et al. Nanomechanical mapping of a high curvature polymer brush grafted from a rigid nanoparticle. Soft Matter, 2012, 8: 8312-8320.

[30] Dehghani E S, Ramakrishna S N, Spencer N D, et al. Controlled crosslinking is a tool to precisely modulate the nanomechanical and nanotribological properties of polymer brushes. Macromolecules, 2017, 50: 2932-2941.

[31] Dokukin M E, Kuroki H, Minko S, et al. AFM study of polymer brush grafted to deformable surfaces: quantitative properties of the brush and substrate mechanics. Macromolecules, 2017, 50: 275-282.

[32] Criado M, Rebollar E, Nogales A, et al. Quantitative nanomechanical properties of multilayer films made of polysaccharides through spray assisted layer-by-layer assembly. Biomacromolecules, 2017, 18: 169-177.

[33] Mermut O, Lefebvre J, Gray D G, et al. Structural and mechanical properties of polyelectrolyte multilayer films studied by AFM. Macromolecules, 2003, 36: 8819-8824.

[34] Wang D, Fujinami S, Nakajima K, et al. Production of a cellular structure in carbon nanotube/natural rubber composites revealed by nanomechanical mapping. Carbon, 2010, 48: 3708-3714.

[35] Wang D, Fujinami S, Nakajima K, et al. Visualization of nanomechanical mapping on polymer nanocomposites by AFM force measurement. Polymer, 2010, 51: 2455-2459.

[36] Wang D, Fujinami S, Liu H, et al. Investigation of reactive polymer-polymer interface using nanomechanical mapping. Macromolecules, 2010, 43: 5521-5523.

[37] Kitano H, Yamamoto A, Niwa M, et al. Young's modulus mapping on hair cross-section by atomic force microscopy. Compos Interfaces, 2009, 16: 1-12.

[38] Tian C C, Chu G Y, Feng Y X, et al. Quantitatively identify and understand the interphase of SiO_2/rubber nanocomposites by using nanomechanical mapping technique of AFM. Composites Science and Technology, 2019, 170: 1-6.

[39] Zhang S Y, Liu H, Gou J M, et al. Quantitative nanomechanical mapping on poly (lactic acid)/poly (ε-caprolactone)/carbon nanotubes bionanocomposites using atomic force microscopy. Polymer Testing, 2019, 77: 105904.

[40] Voss A, Stark R W, Dietz C. Surface versus volume properties on the nanoscale: elastomeric polypropylene. Macromolecules, 2014, 47: 5236-5245.

[41] Bahrami A, Morelle X, Minh L D H, et al. Curing dependent spatial heterogeneity of mechanical response in epoxy resins revealed by atomic force microscopy. Polymer, 2015, 68: 1-10.

[42] Neugirg B R, Koebley S R, Schniepp H C, et al. AFM-based mechanical characterization of single nanofibers. Nanoscale, 2016, 8: 8414-8426.

[43] Adamcik J, Lara C, Usov I, et al. Measurement of intrinsic properties of amyloid fibrils by the peak force QNM method. Nanoscale, 2012, 4: 4426-4429.

[44] Wang M, Jin H J, Kaplan D L, et al. Mechanical properties of electrospun silk fibers. Macromolecules, 2004, 37: 6856-6864.

[45] Guo S L, Akhremitchev B B. Packing density and structural heterogeneity of insulin amyloid fibrils measured by AFM nanoindentation. Biomacromolecules, 2006, 7: 1630-1636.

[46] Usov I, Nystrom G, Adamcik J, et al. Understanding nanocellulose chirality and structure-properties relationship at the single fibril level. Nat Commun, 2015, 6: 7564.

[47] Chung P C, Green P F. The elastic mechanical response of nanoscale thin films of miscible polymer/polymer blends. Macromolecules, 2015, 48: 3991-3996.

[48] Chung P C, Glynos E, Sakellariou G, et al. Elastic mechanical response of thin supported star-shaped polymer films. ACS Macro Lett, 2016, 5: 439-443.

[49] Xia W, Song J, Hsu D D, et al. Understanding the interfacial mechanical response of nanoscale polymer thin films via nanoindentation. Macromolecules, 2016, 49: 3810-3817.

[50] Nguyen H K, Fujinami S, Nakajima K. Size-dependent elastic modulus of ultrathin polymer films in glassy and rubbery states. Polymer, 2016, 105: 64-71.

[51] Domke J, Radmacher M. Measuring the elastic properties of thin polymer films with the atomic force microscope. Langmuir, 1998, 14: 3320-3325.

[52] Chung P C, Glynos E, Green P F. The elastic mechanical response of supported thin polymer films. Langmuir, 2014, 30: 15200-15205.

[53] Li H X, Russell T P, Wang D. Nanomechanical and chemical mapping of the structure and interfacial properties in immiscible ternary polymer systems. Chinese J Polym Sci, 2021, 39: 651-658.

[54] Russell T P, Menelle A, Hamilton W A, et al. Width of homopolymer interfaces in the presence of symmetric diblock copolymers. Macromolecules, 1991, 24: 5721-5726.

[55] Perrin P, Prud'homme R E. SAXS Measurements of interfacial thickness in amorphous polymer blends containing a diblock copolymer. Macromolecules, 1994, 27: 1852-1860.

[56] Lin H C, Tsai I F, Yang A C M, et al. Chain diffusion and microstructure at a glassy-rubbery polymer interface by SIMS. Macromolecules, 2003, 36: 2464-2474.

[57] Sauer B B, Walsh D J. Use of Neutron reflection and spectroscopic ellipsometry for the study of the interface between miscible polymer films. Macromolecules, 1991, 24: 5948-5955.

[58] Schulze J S, Cernohous J J, Hirao A, et al. Reaction kinetics of end-functionalized chains at a polystyrene/poly(methyl methacrylate) interface. Macromolecules, 2000, 33: 1191-1198.

[59] Qu M, Deng F, Kalkhoran S M, et al. Nanoscale visualization and multiscale mechanical implications of bound rubber interphases in rubber-carbon black nanocomposites. Soft Matter, 2011, 7: 1066-1077.

[60] Brune P F. Blackman G S, Diehl T, et al. Direct measurement of rubber interphase stiffness. Macromolecules, 2016, 49: 4909-4922.

[61] Zhang M, Li Y, Kolluru P V, et al. Determination of mechanical properties of polymer interphase using combined atomic force microscope (AFM) experiments and finite element simulations. Macromolecules, 2018, 51: 8229-8240.

[62] Cappella B, Kaliappan S K. Determination of thermomechanical properties of a model polymer blend. Macromolecules, 2006, 39: 9243-9252.

[63] Megevand B, Pruvost S. Lins L C, et al. Probing nanomechanical properties with AFM to understand the structure and behavior of polymer blends compatibilized with ionic liquids. RSC Adv, 2016, 6: 96421-96430.

[64] Niu Y F, Yang Y, Gao S, et al. Mechanical mapping of the interphase in carbon fiber reinforced poly(ether-ether-ketone) composites using peak force atomic force microscopy: interphase shrinkage under coupled ultraviolet and

hydro-thermal exposure. Polym Test, 2016, 55: 257-260.

[65] Wang D, Russell T P, Nishi T, et al. Atomic force microscopy nanomechanics visualizes molecular diffusion and microstructure at an interface. ACS Macro Lett, 2013, 2: 757-760.

[66] Wang D, Nakajima K, Liu F, et al. Nanomechanical imaging of the diffusion of fullerene into conjugated polymer. ACS Nano, 2017, 11: 8660.

[67] He C F, Shi S W, Wu X F, et al. Atomic force microscopy nanomechanical mapping visualizes interfacial broadening between networks due to chemical exchange reactions. J Am Chem Soc, 2018, 140: 6793-6796.

[68] Zhao B, Yuan Q Q, Yang H K, et al. Interfacial reaction induced disruption and dissolution of dynamic polymer networks. Macromol Rapid Commun, 2021, 42: 2100023.

[69] Sadler D M, Barham P J. Structure of drawn fibres: 1. Neutron scattering studies of necking in melt-crystallized polyethylene. Polymer, 31, 1990: 36-42.

[70] Toki S, Sics I, Ran S F, et al. New insights into structural development in natural rubber during uniaxial deformation by *in situ* synchrotron X-ray diffraction. Macromolecules, 2002, 35: 6578-6584.

[71] Jiang Z, Tang Y, Men Y F, et al. Structural evolution of tensile-deformed high-density polyethylene during annealing: scanning synchrotron small-angle X-ray scattering study. Macromolecules, 2007, 40: 7263-7269.

[72] Men Y F, Rieger J, Homeyer J. Synchrotron ultrasmall-angle X-ray scattering studies on tensile deformation of poly（1-butene）. Macromolecules, 2004, 37: 9481-9488.

[73] Chen L, Zhou W M, Lu J, et al. Unveiling reinforcement and toughening mechanism of filler network in natural rubber with synchrotron radiation X-ray nano-computed tomography. Macromolecules, 2015, 48: 7923-7928.

[74] Xiong B, Lame O, Chenal J M, et al. Temperature-microstructure mapping of the initiation of the plastic deformation processes in polyethylene via *in situ* WAXS and SAXS. Macromolecules, 2015, 48: 5267-5275.

[75] Sun S, Wang D. Russell T P, et al. Nanomechanical mapping of a deformed elastomer: visualizing a self-reinforcement mechanism. ACS Macro Lett, 2016, 5: 839-843.

[76] Sun S, Hu F Y, Russell T P, et al. Probing the structural evolution in deformed isoprene rubber by *in situ* synchrotron X-ray diffraction and atomic force microscopy. Polymer, 2019, 185: 121926.

[77] Shen Y C, Tian H C, Pan W L, et al. Unexpected improvement of both mechanical strength and elasticity of EPDM/PP thermoplastic vulcanizates by introducing β-nucleating agents. Macromolecules, 2021, 54: 2835-2843.

[78] Fang S F, Li F Z, Liu J, et al. Rubber-reinforced rubbers toward the combination of high reinforcement and low energy loss. Nano Energy, 2021, 83: 105822.

[79] Liu H, Fujinami S, Wang D, et al. Nanomechanical mapping on the deformed poly（ε-caprolactone）. Macromolecules, 2011, 44: 1779-1782.

[80] Liu H, Chen N, Fujinami S, et al. Quantitative nanomechanical investigation on deformation of poly（lactic acid）. Macromolecules, 2012, 45: 8770-8779.

[81] Morozov I A. Structural-mechanical AFM study of surface defects in natural rubber vulcanizates. Macromolecules, 2016, 49: 5985-5992.

[82] Thomas C, Seguela R, Detrez F, et al. Plastic deformation of spherulitic semi-crystalline polymers: an *in situ* AFM study of polybutene under tensile drawing. Polymer, 2009, 50: 3714-3723.

[83] Oderkerk J, de Schaetzen G, Goderis B, et al. Micromechanical deformation and recovery processes of nylon-6/rubber thermoplastic vulcanizates as studied by atomic force microscopy and transmission electron microscopy. Macromolecules, 2002, 35: 6623-6629.

第5章

AFM 纳米流变及其应用

聚合物(包括塑料、橡胶、纤维、涂料、黏合剂等)及其复合材料具有多尺度微观结构,包括大分子长链及聚集态结构、微纳复合结构。尤其是其独特的大分子长链结构,使聚合物表现出明显不同于金属及无机材料的分子运动行为,即大分子运动不是瞬时的,而是具有明显的运动弛豫行为。因此,聚合物的力学性能具有温度和频率(时间)依赖性,即聚合物具有黏弹性,存在动态的储存模量、损耗模量和损耗因子(动态力学性能)。可以说黏弹性是聚合物最基本的性能,所有其他力学性能和加工性能均取决于黏弹性。同时,这也使其成为决定聚合物力学性能应用的最关键因素。例如,轮胎橡胶材料由基础橡胶和10余种配合剂(包括纳米填料)组成,是一种具有多尺度复杂结构特征的聚合物纳米复合材料,表现出复杂的黏弹性。应用过程中,这种材料需要能承受宽广的频率和温度变化的作用。因此,表征其黏弹性并研究这种作用的机制对轮胎橡胶材料的使用意义重大。然而,目前对于其动态力学行为的研究主要依赖黏弹谱仪等方法,所得结果均是统计平均的宏观性能,难以建立多尺度微观结构-宏观力学性能之间的直接联系。此外,虽然通过时-温等效(time-temperature superposition, TTS)原理可以将不同温度和频率的动态黏弹数据转换为一条典型的动态黏弹曲线,但这种方法本身仍然是一种经验性的换算法则,尤其对于聚合物共混物及复合材料,这些表征难以解释各组分间的黏弹性差异。因此,发展一种能在微观尺度上具有宽频率和变温范围的动态黏弹性能测量方法,对于建立聚合物微纳尺度结构-宏观力学性能之间的直接关联,从而更好地从源头指导聚合物及其复合材料的设计与制备具有重要意义。

　　原子力显微镜(AFM)是当今研究纳米尺度力学性能的主要手段。以其力学模式(第 4 章)为基础，目前已发展出多种黏弹性能表征方法。本章主要介绍力调制显微镜(force modulation microscope，FMM)、接触共振 AFM(contact resonance AFM，CR-AFM)以及纳米流变 AFM(nanorheological AFM，NR-AFM)等几种主要技术的基本原理及其在聚合物微观结构与黏弹性能研究中的应用。第 4 章中介绍的 AFM 力-位移曲线技术，如在扫描过程中改变样品温度和扫描频率，也可实现对聚合物表面黏弹性能的定量表征[1-5]。对于侧向力显微镜(LFM，即摩擦力显微镜)，实际上也有此功能，即通过在扫描过程中改变样品的温度或针尖扫描频率，进而研究聚合物表面的黏弹性能[6-10]。然而，由于在该模式下针尖与样品始终接触，不仅会造成针尖的磨损和样品的损伤，还会导致针尖与样品接触面的温度不稳定。因此，目前对聚合物纳米尺度黏弹性能的表征主要集中于 FMM、CR-AFM 以及 NR-AFM 等技术。

5.2　基于力调制模式纳米流变　◄◄◄

　　力调制显微镜(FMM)是在 AFM 接触模式基础上发展出的一种测量材料纳米力学性能的表征技术。如图 5.1 所示，在探针扫描样品表面时，通过探针夹中的双压电陶瓷片驱动微悬臂上下振荡。当与样品发生接触时，针尖略微压入

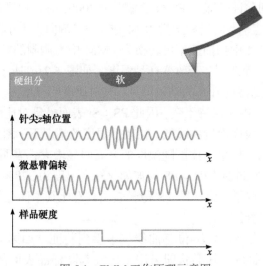

图 5.1　FMM 工作原理示意图

当针尖以接触方式扫描样品表面时，给微悬臂施加一振荡，由其振幅和相位的响应可得表面纳米尺度黏弹性能

样品，其压入深度与微悬臂弯曲量成反比。很明显，对于软组分，针尖压入程度较大，导致微悬臂形变较小，振幅也小；而对于硬样品，针尖压入程度较小，所以微悬臂形变较大，振幅也大。扫描过程中通过记录样品在不同位置时微悬臂的振幅，则可得到样品表面的黏弹性能，其储存模量 E' 和损耗模量 E'' 分别为[6,11,12]

$$E' = (k_cH / \gamma)(\cos\phi - \gamma) \tag{5-1}$$

$$E'' = (k_cH / \gamma)\sin\phi \tag{5-2}$$

式中，k_c、ϕ 和 γ 分别为微悬臂沿弯曲方向的弹性系数、力和样品形变之间的相位滞后角以及调制比。此外，H 为一个与样品表面和针尖之间的接触面积有关的参数，称为形状因子。由式(5-1)和式(5-2)可得样品表面损耗角正切 $\tan\delta$ 为

$$\tan\delta = \sin\phi / (\cos\phi - \gamma) \tag{5-3}$$

实验中，k_c 为已知参数，ϕ 和 γ 可由实验获得，已知 H 之后，就可得到储存模量 E'、损耗模量 E'' 及 $\tan\delta$。

图 5.2(a)和(b)为利用 FFM 对单分散聚苯乙烯(PS)薄膜的扫描结果。在 293 K 下，当 PS 数均分子量小于 30000 时，其表面 E' 小于相应的本体值，而 $\tan\delta$ 则大于相应的本体值。这一结果表明，对于分子量小于 30000 的 PS 薄膜表面，在远低于其本体玻璃化转变温度时，即已处于玻璃-橡胶态转变区，从而揭示了薄膜表面具有比其本体更低的玻璃化转变温度和更快的链段松弛行为[6]。这一结果还可进一步由 LFM 得到验证，即当 PS 分子量小于 30000 时，扫描过程中的侧向力变化强烈依赖于扫描速率，而当分子量为 140000 时，侧向力大小随扫描速率的变化几乎不变。由于 LFM 中扫描速率可转换为 FMM 中力调制的频率，因此 LFM 结果与 FMM 结果相一致[6,13]。若改变样品温度，如图 5.2(c)所示，由 PS：硅基板(Si)表面 E' 对比度随温度升高的结果可见，其对比度明显增大。由于 Si 基板的模量在该温度变化区间内应保持不变，因此 PS：Si 表面模量对比度随温度升高而增大的现象反映了 PS 表面模量的降低。在较低温度的情况下，图像对比度较小；而随着温度超过 340 K，模量对比度随温度的升高明显增大，表明 PS 表面在这一温度附近达到玻璃-橡胶过渡态[14]。PS 的玻璃化转变温度为 378 K，因此图 5.2(c)结果与图 5.2(a)和(b)结果一致，即 PS 薄膜表面具有比其本体更低的玻璃化转变温度和更快的链段松弛行为。

上述结果还可由 AFM 力-位移曲线技术得到验证。如第 4 章中图 4.2 所示典型 AFM 力-位移曲线，其形状即可用来定性判断样品表面的力学性能，如表面黏附力的大小、模量的高低等。因此，当扫描过程中不断改变样品的温度和扫描速率时，AFM 力-位移曲线的形状将发生相应变化，从而可以实现对聚合

物黏弹性能的定性表征。例如，当在 PS 的玻璃化转变温度以上扫描时，可观察到力-位移曲线中进针-退针的显著滞后现象，表明聚合物表面处于黏弹区。当 PS 分子量小于 30000 时，发现其薄膜表面的玻璃化转变温度要明显低于其本体值，并且膜厚越小，其表面玻璃化转变温度越低，从而进一步证明了 FFM 和 LFM 的结果[2]。

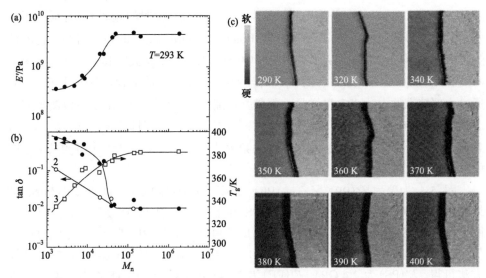

图 5.2　随 PS 分子量增加，其薄膜表面储存模量 E'(a)和损耗角正切 $\tan\delta$(b)的变化，(b)中曲线 1、2 及 3 分别为 PS 薄膜表面 $\tan\delta$、本体 $\tan\delta$ 及本体 T_g[6]；(c)在不同温度下所得 PS：Si 表面 E' 对比图[14]

需要指出的是，FMM 通常采用可做 x、y、z 三维运动的压电陶瓷扫描器进行振荡，其振荡频率最大只能达到约 300 Hz，从而限制了可测量的振荡频率范围。而当使用微悬臂进行振荡时，因需确保微悬臂振幅能达到足够大的水平，所以其振荡频率通常被定为微悬臂本身的共振频率。因此，FMM 的振荡模式不是频率可变的扫描方法，这限制了其对橡胶这类弹性体等软物质的黏弹性能测试。

5.3　基于接触共振模式纳米流变 ◄◄◄

接触共振 AFM(CR-AFM)也是在 AFM 接触模式基础上发展出的一种测量材料纳米力学性能的表征技术。最初开发该技术的目的是测量刚性材料的弹性特性。

因此，该技术可进行从几吉帕到几百吉帕大范围弹性模量的精确测量。在 CR-AFM 中，微悬臂的共振可由外部致动器激发，或由连接到 AFM 微悬臂基座 (cantilever holder) 上的致动器激发。当微悬臂上的针尖与样品不接触时[图 5.3(a)]，微悬臂的共振只发生在特定频率，其大小取决于微悬臂的几何形状和材料特性。当针尖接触样品时[图 5.3(b)]，共振频率由于针尖-样品间的相互作用力而增加[图 5.3(c)]。CR-AFM 即是首先测量发生自由和接触共振时的频率 f 和品质因子 Q 两个参数，再通过欧拉-伯努利梁方程 (Euler-Bernoulli beam theory) 将归一化的针尖-样品接触刚度 α 和阻尼系数 β 与实验中所测得的 f 和 Q 关联起来，然后利用第 4 章中所述接触力学模型，从 α、β 和接触共振频率 f 的值来确定黏弹性能。最后通过内部校准的方法来定量样品表面黏弹性能的绝对值[15-18]。由于可以测量同一个微悬臂多种本征模式的接触共振频率，或者使用一系列具有不同共振频率的微悬臂，因此，CR-AFM 可以测量宽广的频率范围，克服了 FMM 中可测频率范围较窄的不足。

图 5.4 为聚丙烯 (PP)/聚乙烯 (PE)/聚苯乙烯 (PS)(3：1：1) 的 CR-AFM 结果。由图 5.4(b) 储存模量 (E') 图可见 PS 和 PP 微区之间对比度较小；实际上，图 5.4(b) 中 E'(PP)/E'(PS) 为 0.97；相反，PE 的 E' 与 PP 或 PS 相比则对比明显，E'(PP)/E'(PE) 为 1.17。假设 PP 的 E' 为 2.5 GPa，根据 CR-AFM 模量计算方法可得，E'(PS) 为 2.4 GPa，E'(PE) 为 2.14 GPa。对于 CR-AFM 损耗模量 (E'') 结果，如图 5.4(c) 所示，三组分的 E'' 对比明显增大。其中 PS 微区与 PP 和 PE 相比明显更暗，表明其 E'' 较低。PE 的响应介于 PS 和 PP 之间，因此这三种聚合物的 E'' 大小顺序为 PP>PE>PS。图 5.4(c) 中 E''(PP)/E''(PS) 为 2.40，E''(PP)/E''(PE) 为 1.39。假设 PP 的 E'' 为 126 MPa，可得 E''(PS) 为 52.5 MPa，E''(PE) 为 90.6 MPa[19]。

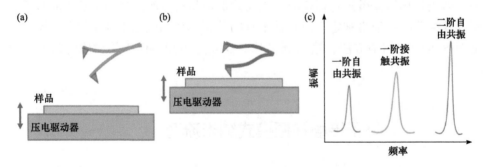

图 5.3 CR-AFM 原理示意图：微悬臂在自由空间 (a) 及在外加静压力下与试样表面接触时 (b) 的共振状态；(c) 共振谱，最低阶的接触共振发生的频率比第一个自由空间的共振高，但比第二个自由空间的共振低

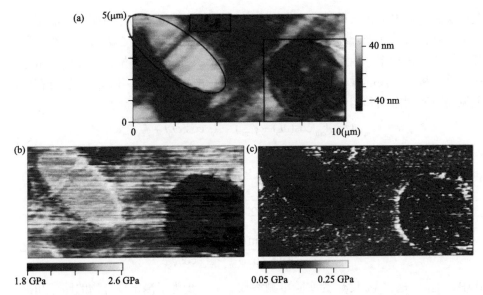

图 5.4　PP/PE/PS(3∶1∶1)CR-AFM 扫描结果：(a)CR-AFM 形貌图(图中基体为 PP 组分，椭圆形区域为 PS 组分，方框内圆形区域为 PE 组分)；(b)、(c)分别为与(a)相对应的 E' 及 E'' 分布图[19]

　　上述 CR-AFM 所测 PP/PE/PS 三元共混物中各组分的 E' 与其本体动态力学分析(dynamic mechanical analysis，DMA)结果相符，而 E'' 均小于相应的 DMA 结果。需要指出的是，由于弹性体的低模量和高黏附力，CR-AFM 方法不适用于测试弹性体的黏弹性能。

5.4　基于 AFM force volume 模式纳米流变

　　纳米流变 AFM(nanorheological AFM，NR-AFM)是在 AFM 力曲线阵列模式(force volume，FV)基础上开发出的一种研究聚合物纳米尺度黏弹性的表征技术[20]。该方法可实现在 1～20000 Hz 的宽频率范围内可视化聚合物的黏弹性能分布，包括储存模量 E'、损耗模量 E'' 及损耗角正切 $\tan\delta$，并且还可利用频率扫描重建固定温度下聚合物的黏弹曲线。

　　图 5.5(a)为 NR-AFM 测量系统示意图。该技术在商业 AFM 的压电陶瓷扫描器上加装了一个微型压电驱动器。该压电驱动器可由锁相放大器中的内置振荡器驱动。锁相放大器用于测量光电二极管偏转信号和振荡器信号之间的振幅和相位

差。实验过程中可将云母或硅片作为参考样品。图 5.5(b)为压电驱动器的振荡与针尖分别在云母和聚合物上时微悬臂振荡的关系。A_p 和 $\omega_p = 2\pi f_p$ 分别是驱动器振荡的振幅和角频率。由于驱动器振荡的振幅和角频率难以测量,因此可将微悬臂在云母基板上振荡的振幅 A_{cm} 和相位 ϕ_{cm} 作为标准。A_{cs} 和 ϕ_{cs} 分别是微悬臂在试样上振荡时所测振幅和相位。因此,在振荡过程中试样的形变量 Δ_s 为[20]

$$\Delta_s = A_{cm}\cos(\omega_p t + \phi_{cm}) - A_{cs}\cos(\omega_p t + \phi_{cs})$$
$$\equiv A_s \cos(\omega_p t + \phi_s) \tag{5-4}$$

式中,A_s 和 ϕ_s 分别为样品发生形变时振荡的振幅和相位差。A_s 和 ϕ_s 分别为

$$A_s = \sqrt{A_{cm}^2 + A_{cs}^2 - 2A_{cm}A_{cs}\cos(\phi_{cs} - \phi_{cm})} \tag{5-5}$$

$$\tan\phi_s = \frac{A_{cm}\sin\phi_{cm} - A_{cs}\sin\phi_{cs}}{A_{cm}\cos\phi_{cm} - A_{cs}\cos\phi_{cs}} \tag{5-6}$$

式中,A_{cm}、A_{cs}、ϕ_{cm} 及 ϕ_{cs} 为实验可测参数。下一步为了测定聚合物的储存和损耗模量,可先由其动态刚度 S' 和 S'' 开始。其中

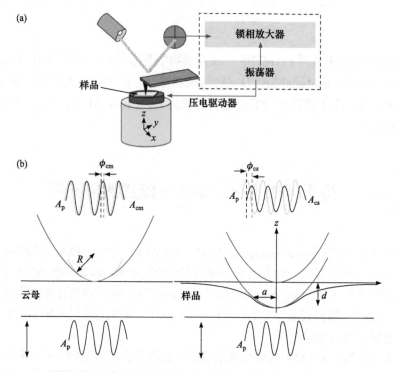

图 5.5　NR-AFM 测量系统示意图(a)及压电驱动器的振荡与针尖分别在云母和聚合物上时微悬臂振荡的关系(b)

$$S' = k \frac{A_{\mathrm{cs}}}{A_{\mathrm{s}}} \cos\left(\phi_{\mathrm{cs}} - \phi_{\mathrm{s}}\right) \tag{5-7}$$

$$S'' = k \frac{A_{\mathrm{cs}}}{A_{\mathrm{s}}} \sin\left(\phi_{\mathrm{cs}} - \phi_{\mathrm{s}}\right) \tag{5-8}$$

损耗角正切 $\tan\delta$ 为

$$\tan\delta \equiv \frac{S''}{S'} = \tan\left(\phi_{\mathrm{cs}} - \phi_{\mathrm{s}}\right) \tag{5-9}$$

而为了测定 E' 和 E''，需要借助第 4 章中介绍的针尖-样品间的接触力学模型。如针尖与样品表面间的接触为赫兹(Hertzian)接触，动态刚度 S 和储存模量 E' 及损耗模量 E'' 间存在如下关系：

$$E' = \frac{\left(1 - v^2\right)S'}{2a_1} \tag{5-10}$$

$$E'' = \frac{\left(1 - v^2\right)S''}{2a_1} \tag{5-11}$$

式中，v 为聚合物泊松比；a 为针尖与样品的接触半径。a 可由 Hertzian 模型给出：

$$a = \left(Rd\right)^{1/2} \tag{5-12}$$

式中，d 为样品形变量；R 为针尖的曲率半径。

因为聚合物材料通常具有较低的模量和较大的表面黏附力，因此，Johnson-Kendall-Roberts(JKR)模型更适合描述这种接触。此时

$$E' = \frac{\left(1 - v^2\right)S'}{2a_1} \frac{1 - 1/6(a_0 / a_1)^{3/2}}{1 - (a_0 / a_1)^{3/2}} \tag{5-13}$$

$$E'' = \frac{\left(1 - v^2\right)S''}{2a_1} \frac{1 - 1/6(a_0 / a_1)^{3/2}}{1 - (a_0 / a_1)^{3/2}} \tag{5-14}$$

然后利用第 4 章中介绍的"两点法"(4.3 节)，由 JKR 模型对所得力曲线进行拟合，由所得杨氏模量和黏附能计算得接触半径 a_0 和 a_1，从而可得 E'、E'' 及 $\tan\delta$。

图 5.6 为利用纳米流变 AFM 表征丁苯橡胶(SBR)/聚异戊二烯(IR)(7∶3)共混物所得黏弹性能，其中(a)～(c)分别为储存模量 E'、损耗模量 E'' 和损耗角正切 $\tan\delta$ 的分布。因为 SBR 和 IR 不相容，所以图 5.6(a)～(c)显示为典型共混物的海-岛结构："海"相为 SBR，而"岛"相是 IR。在较低频率时，E' 和 E'' 图中的 SBR

和 IR 微区对比度较低，而随着频率增加，其对比度明显增大。图 5.6(d)和(e)分别为利用 NR-AFM 和 DMA 所得 SBR 和 IR 黏弹主曲线(master curve)，可见由 NR-AFM 所测纳米尺度范围内 E'、E'' 及 $\tan\delta$ 与 DMA 所测宏观结果相吻合。因此 NR-AFM 实现了在纳米尺度上和宽频范围内可视化共混聚合物各组分黏弹性能的频率依赖性[20]。

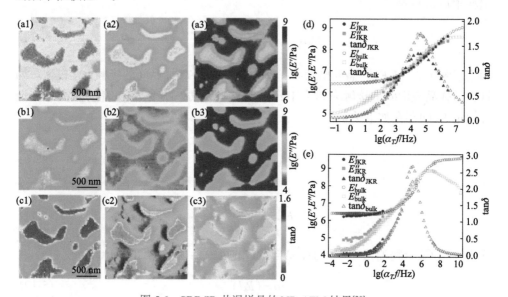

图 5.6　SBR/IR 共混样品的 NR-AFM 结果[20]

(a)、(b)及(c)分别为 E'、E'' 和 $\tan\delta$ 的分布；1、2 及 3 分别代表 10 Hz、1 kHz 及 20 kHz 频率；(d)和(e)分别为利用 DMA 及 NR-AFM 所得 SBR 和 IR 的黏弹曲线

基于 NR-AFM，近年还发展了一种可直接定量黏弹性能的表征方法，即损耗角正切(损耗因子)成像(loss tangent imaging)[21]。如上所述，当利用 NR-AFM 测得 S' 和 S''，或 E' 和 E'' 后，即可得 $\tan\delta$。然而实际上，在一些 AFM 模式中有时并不需要先进行 S' 和 S'' 或 E' 和 E'' 的测试，而是可由模式中的一些参数直接测得 $\tan\delta$。例如，利用广泛应用的 AFM 轻敲模式(TM-AFM)，也可直接进行 $\tan\delta$ 成像。在该模式中，微悬臂在外力作用下以角频率 ω 做正弦振荡。当针尖与样品表面发生接触时，一部分提供给微悬臂振荡的能量被耗散(记为 P_{loss})，而另一部分则在相互作用过程中被保持(记为 $P_{storage}$)[22]。$\tan\delta$ 即为[23]

$$\tan\delta = -\frac{\langle F_{ts} \cdot \dot{z} \rangle}{\omega \langle F_{ts} \cdot z \rangle} = \frac{P_{loss}}{P_{storage}} \tag{5-15}$$

式中，F_{ts} 为针尖-样品表面间相互作用力；z 为微悬臂位移；$\dot{z}$ 为微悬臂运动速率。TM-AFM 中 $\tan\delta$ 的这一概念与 DMA 中的概念相似，即在微悬臂每一次振荡循

环中，$\tan\delta$ 为针尖与样品相互作用过程中损失能量和储存能量的比值。P_{loss} 和 $P_{storage}$ 为[24]

$$P_{loss} = \frac{\omega k A_0 A}{2Q}\left[\sin\varphi - \frac{A}{A_0}\frac{\omega}{\omega_0}\right] \tag{5-16}$$

$$P_{storage} = \frac{\omega k A_0 A}{2Q}\left[\frac{2Q}{A_0 A}\langle\Delta z^2\rangle + \frac{AQ}{A_0}\left(1 - \frac{\omega^2}{\omega_0^2}\right) - \cos\varphi\right] \tag{5-17}$$

式中，k 为微悬臂弹性系数；A_0 和 A 分别为微悬臂自由振幅和与样品表面发生相互作用时的振幅；φ 为微悬臂振荡初始相位；ω_0 为微悬臂在空气中自由共振频率；Q 为探针品质因子，Δz 为微悬臂的时间平均偏转量。因微悬臂振幅 A 与微悬臂偏转检测器的电压输出 V 线性相关，因此由 $\tan\delta = P_{loss}/P_{storage}$ 可得

$$\tan\delta = \frac{\sin\varphi - \dfrac{\omega}{\omega_0}\dfrac{V}{V_0}}{2Q\dfrac{V_{dc}^2}{\chi^2 V V_0} + Q\dfrac{V}{V_0}\left(1 - \dfrac{\omega^2}{\omega_0^2}\right) - \cos\varphi} \tag{5-18}$$

式中，V_{dc} 为信号检测器的偏转；χ 为光杠杆灵敏度指数[25]。式(5-18)中 k、V_0、V、φ、ω_0 及 Q 均为探针微悬臂或实验设定参数。假设 $VV_0 \gg V_{dc}$，$\omega = \omega_0$（TM-AFM 中设定在探针微悬臂的共振频率处振荡），则式(5-18)可进一步简化为

$$\tan\delta = \frac{A/A_0 - \sin\varphi}{\cos\varphi} \tag{5-19}$$

根据式(5-19)，只需获取 TM-AFM 扫描到每一点时其相应位置的振幅 A，即可实现以 $\tan\delta$ 成像。

上述是以 TM-AFM 为例进行 $\tan\delta$ 成像的原理推导[23,26]。此外还有基于 CR-AFM 的 $\tan\delta$ 成像等[18,27,28]，其原理均类似。

纳米炭黑(CB)和二氧化硅(SiO_2)是广泛用于橡胶工业的填料。在橡胶中引入这些纳米粒子可有效提高所制备复合材料的综合力学性能，然而，关于这些填料的增强机制仍存在许多争议。目前普遍认为在纳米填料加入后会在其周围形成一层结合橡胶(bound rubber)相，且其玻璃化转变温度要高于橡胶基体，但是一直缺少直接的表征手段去证实这种推测[29-31]。最近利用 NR-AFM 从纳米尺度直接可视化了界面和橡胶基体的动态黏弹性差异。图 5.7(a) 和 (b) 为丁苯橡胶(SBR)/炭黑(CB)纳米复合材料界面区的 $\tan\delta$ 成像结果[32]。由 $\tan\delta$ 分布图可见，CB 组分的 $\tan\delta$ 为 0.1~0.2，而 SBR 区约为 0.55。原则上，由于针尖与 CB 组分几乎无黏弹相互作用，其 $\tan\delta$ 应接近零。然而在 CB 增强橡胶复合材料中，由于 CB 表面会

吸附一层橡胶分子，即结合橡胶相，CB 的 tanδ 偏离其实际值。图 5.7 (b) 中显示
tanδ 值随填料 CB 到 SBR 本体相距离的增加而逐渐增大，其均值为 0.2～0.4，表
明在 CB 与 SBR 间形成界面区。由于 SBR 在频率 300 kHz 扫描时显示为玻璃态，
因此，比 SBR 本体更小的 tanδ 值表明 SBR/CB 界面区处于更"强"的玻璃态。上
述结果表明，由于与填料的相互作用，聚合物链段在 SBR/CB 界面区具有比其本
体更慢的松弛动力学。在接近填料表面时，聚合物本体中链段松弛动力学不是突然
降低，而是表现为缓慢降低。因此，可以推断 SBR/CB 复合材料中界面区链段松弛
动力学的降低为一梯度过程，这一结果与最近的核磁共振（nuclear magnetic
resonance，NMR）、宽频介电谱（broadband dielectric spectroscopy，BDS）及第 4 章中
AFM 纳米力学图谱的结果一致[33-36]。

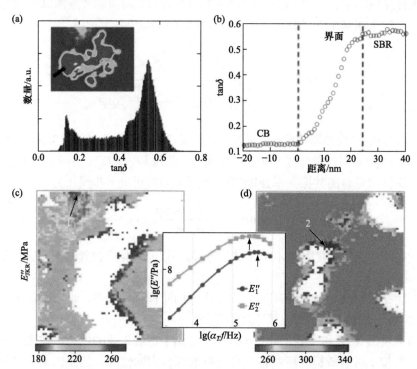

图 5.7   SBR/CB 纳米复合材料界面区 tanδ 分布图 (a) 和沿界面处 tanδ-距离曲线 (b)[32]；在 $\alpha_T f$
为 350 kHz 时，SBR/SiO₂ 基体橡胶区 (c) 和界面橡胶区 (d) 损耗模量分布图；1 和 2 箭头分别表
示中间插图中使用的基体区和界面橡胶区内的点的位置[37]

上述对 SBR/CB 的研究结果在利用 NR-AFM 对 SBR/SiO₂ 的研究中得到进一
步证实[37]。图 5.7 (c) 和 (d) 为在 $\alpha_T f$ 为 350 kHz 时，SBR/SiO₂ 基体橡胶区和界面橡
胶区损耗模量 E'' 分布图。在界面区橡胶组分[图 5.7 (d)]中所示位置 2] E'' 对应的频
率明显低于 SBR 基体区[图 5.7 (c) 中所示位置 1] E'' 所对应的频率，表明界面处聚

合物链段的运动受到限制。

　　需要指出的是，目前对 AFM 纳米流变的关注仍主要是有限的几个研究小组在进行相关技术的发展。而已开发出的技术在聚合物纳米尺度黏弹性研究中的应用还存在不小的难度。例如，以 NR-AFM 扫描一张图通常需要几十分钟至十几个小时，耗时较长。鉴于纳米尺度黏弹性对聚合物分子结构调控、凝聚态结构设计和制品成型加工的重要性，只有将 AFM 技术开发人员的成果与聚合物研究领域科学家的需求相结合，AFM 纳米流变才能发挥出更大的作用。

参 考 文 献

[1]　Tsui O K C, Wang X P, Ho J Y L,et al. Studying surface glass-to-rubber transition using atomic force microscopic adhesion measurements. Macromolecules, 2000, 33: 4198-4204.

[2]　Bliznyuk V N, Assender H E, Briggs G A D. Surface glass transition temperature of amorphous polymers. A new insight with SFM. Macromolecules, 2002, 35: 6613-6622.

[3]　Cappella B, Kaliappan S K, Sturm H. Using AFM Force-distance curves to study the glass-to-rubber transition of amorphous polymers and their elastic-plastic properties as a function of temperature. Macromolecules, 2005, 38: 1874-1881.

[4]　Cappella B, Kaliappan S K. Determination of thermomechanical properties of a model polymer blend. Macromolecules, 2006, 39: 9243-9252.

[5]　Tranchida D, Piccarolo S, Loos J, et al. Mechanical characterization of polymers on a nanometer scale through nanoindentation. A study on pile-up and viscoelasticity. Macromolecules, 2007, 40: 1259-1267.

[6]　Kajiyama T, Tanaka K, Takahara A. Surface molecular motion of the monodisperse polystyrene films. Macromolecules, 1997, 30: 280-285.

[7]　Tanaka K, Takahara A, Kajiyama T. Rheological analysis of surface relaxation process of monodisperse polystyrene films. Macromolecules, 2000, 33: 7588-7593.

[8]　Satomi N, Tanaka K, Takahara A, et al. Surface molecular motion of monodisperse α, ω-diamino-terminated and α, ω-dicarboxy-terminated polystyrenes. Macromolecules, 2001, 34: 8761-8767.

[9]　Akabori K, Tanaka K, Kajiyama T. Anomalous surface relaxation process in polystyrene ultrathin films. Macromolecules, 2003, 36: 4937-4943.

[10]　Dinelli F, Buenviaje C, Overney R M. Glass transitions of thin polymeric films: speed and load dependence in lateral force microscopy. J Chem Phys, 2006, 39: 9243-9252.

[11]　Maivald P, Butt H J, Gould S A C, et al. Using force modulation to image surface elasticities with the atomic force microscope. Nanotechnology, 1991, 2: 103.

[12]　Radmacher M, Tillmann R W, Gaub H E. Imaging viscoelasticity by force modulation with the atomic force microscope. Biophys J, 1993, 64: 735-742.

[13]　Tanaka K, Taura A, Ge S R, et al. Molecular weight dependence of surface dynamic viscoelastic properties for the monodisperse polystyrene film. Macromolecules, 1996, 29: 3040-3042.

[14]　Tanaka K, Hashimoto K, Takahara A, et al. Visualization of active surface molecular motion in polystyrene film by scanning viscoelasticity microscopy. Langmuir, 2003, 19: 6573-6575.

[15]   Yuya P A, Hurley D C, Turner J A. Contact-resonance atomic force microscopy for viscoelasticity. J Appl Phys, 2008, 104: 074916.

[16]   Yuya P A, Hurley D C, Turner J A. Relationship between Q-factor and sample damping for contact resonance atomic force microscope measurement of viscoelastic properties. J Appl Phys, 2011, 109: 113528.

[17]   Killgore J P, Yablon D G, Tsou A H, et al. Viscoelastic property mapping with contact resonance force microscopy. Langmuir, 2011, 27: 13983-13987.

[18]   Hurley D C, Campbell S E, Killgore J P, et al. Measurement of viscoelastic loss tangent with contact resonance modes of atomic force microscopy. Macromolecules, 2013, 46: 9396-9402.

[19]   Yablon D G, Gannepalli A, Proksch R, et al. Quantitative viscoelastic mapping of polyolefin blends with contact resonance atomic force microscopy. Macromolecules, 2012, 45: 4363-4370.

[20]   Igarashi T, Fujinami S, Nishi T, et al. Nanorheological mapping of rubbers by atomic force microscopy. Macromolecules, 2013, 46: 1916-1922.

[21]   Nguyen H K, Ito M, Fujinami S, et al. Viscoelasticity of inhomogeneous polymers characterized by loss tangent measurements using atomic Force microscopy. Macromolecules, 2014, 47: 7971-7977.

[22]   Garcia R, Perez R. Dynamic atomic force microscopy methods. Surf Sci Rep, 2002, 47: 197-301.

[23]   Proksch R, Yablon D G. Loss tangent imaging: theory and simulations of repulsive-mode tapping atomic force microscopy. Appl Phys Lett, 2012, 100: 073106.

[24]   Cleveland J P, Anczykowski B, Schmid A E, et al. Energy dissipation in tapping-mode atomic force microscopy. Appl Phys Lett, 1998, 72: 2613-2615.

[25]   Proksch R, Schaffer T E, Cleveland J P, et al. Finite optical spot size and position corrections in thermal spring constant calibration. Nanotechnology, 2004, 15: 1344-1350.

[26]   Proksch R, Kocun M, Hurley D, et al. Practical loss tangent imaging with amplitude-modulated atomic force microscopy. J Appl Phys, 2016, 119: 134901.

[27]   Yablon D G, Grabowski J, Chakraborty I. Measuring the loss tangent of polymer materials with atomic force microscopy based methods. Meas Sci Technol, 2014, 25: 055402.

[28]   Chakraborty I, Yablon D G. Temperature dependent loss tangent measurement of polymers with contact resonance atomic force microscopy. Polymer, 2014, 55: 1609-1612.

[29]   Leblanc J L. Rubber-filler interactions and rheological properties in filled compounds. Prog Polym Sci, 2002, 27: 627-687.

[30]   Litvinov V M, Steeman P A. EPDM-carbon black interactions and the reinforcement mechanisms, as studied by low-resolution 1H NMR. Macromolecules, 1999, 32: 8476-8490.

[31]   Wang M J. Effect of polymer-filler and filler-filler interactions on dynamic properties of filled vulcanizates. Rubber Chem Technol, 1998, 71: 520-589.

[32]   Nguyen H K, Liang X B, Ito M, et al. Direct mapping of nanoscale viscoelastic dynamics at nanofiller/polymer interfaces. Macromolecules, 2018, 51: 6085-6091.

[33]   Papon A, Montes H, Hanafi M, et al. Glass-transition temperature gradient in nanocomposites: evidence from nuclear magnetic resonance and differential scanning calorimetry. Phys Rev Lett, 2012, 108: 065702.

[34]   Fullbrandt M, Purohit P J, Schonhals A. Combined FTIR and dielectric investigation of poly(vinyl acetate) adsorbed on silica particles. Macromolecules, 2013, 46: 4626-4632.

[35]   Holt A P, Griffin P J, Bocharova V, et al. Dynamics at the polymer/nanoparticle interface in poly(2-

vinylpyridine)/silica nanocomposites. Macromolecules, 2014, 47: 1837-1843.

[36]　Qu M, Deng F, Kalkhoran S M, et al. Nanoscale visualization and multiscale mechanical implications of bound rubber interphases in rubber-carbon black nanocomposites. Soft Matter, 2011, 7: 1066-1077.

[37]　Ueda E, Liang X, Ito M, et al. Dynamic moduli mapping of silica-filled styrene-butadiene rubber vulcanizate by nanorheological atomic force microscopy. Macromolecules, 2018, 52: 311-319.

第6章

AFM-IR 及其应用

红外光谱(infrared spectroscopy, IR)技术是经典的物质化学结构分析与鉴定方法之一[1,2]。分子选择性吸收特定波长的红外光后,将引起分子中振动能级和转动能级的跃迁。检测红外光被吸收的情况可得到波长与透射率的曲线,即红外光谱。因不同的化学键或官能团吸收频率不同,其在红外光谱上将处于不同位置,从而获得分子中所含化学键或官能团的信息。红外光谱仪自 20 世纪 40 年代问世以来,特别是傅里叶变换红外光谱(Fourier-transform IR,FTIR)技术的出现,因其具有对样品的适用性广、灵敏度和检测效率高、不破坏样品、操作简单、稳定性好等特点,目前已广泛应用于有机、无机、化工、生物、医药、环境等各个科研和生产领域中物质化学组成的定性鉴定和结构分析。

然而,受制于红外光波长的限制,即使是傅里叶变换红外光谱,其空间分辨率最高也仅能达到 10 μm[3-6]。因此,对于多组分材料中尺寸小于 10 μm 的组分,应用红外光谱表征就会受到限制,此时只能得到宏观的成分信息。尽管 20 世纪八九十年代相继发展出了傅里叶变换衰减全反射红外光谱(ATR-FTIR)及显微红外等技术,将红外光谱技术的分辨率进一步提高,但也未突破微米级[7,8]。目前,科学研究和工业生产中常用的红外光谱仪的分辨率大部分仍为几十微米。

人们开发具有更高分辨本领的成像技术的步伐永不停歇。在科技高速发展的今天,尤其在纳米科技和材料科学领域,越来越多的情况下需要对微米尺度以下或更微观区域的化学组分进行分析,如微电子器件、有机无机杂化材料、纳米材料、有机太阳能电池等。目前共聚焦显微拉曼光谱技术可以实现亚微米级的化学成像,其空间分辨率一般可达 500 nm,但还远不能满足纳米和材料科学对分辨率的高要求。同时由于拉曼信号较弱,加上背景荧光较强,所以其应用范围受到一定限制。而另外两种基于扫描探针显微镜的高分辨成像技术——针尖增强拉曼光谱术 (tip-enhanced Raman spectroscopy，TERS)[9]和散射型扫描近场光学显微镜(scattering scanning near-field optical microscope，s-SNOM)[10,11]虽然可以实现 10 nm 化学分辨率成像，但针尖要求特殊、信号弱、对实验人员的操作技能要求非常高，以及数据结果重复性差等原因大大限制了其应用[3,9-11]。

原子力显微镜(atomic force microscope，AFM)具有高空间分辨率、微区性能(如力、电、磁、热等)测定及纳米操控和加工能力。同时因设备使用相对简单、制样容易等优势，目前已在物理、化学、材料、环境、生物医学及微电子学等各个学科领域得到极为广泛的应用，成为微纳尺度形貌表征、物性测量及微纳操控的不可或缺的重要测试工具。尽管优势明显，但 AFM 不能用于组分的化学分析。

如果能将 AFM 和红外光谱技术结合起来，则既可以克服 AFM 不能对组分进行化学分析的不足，又可解决红外光谱技术空间分辨率低的劣势。1999 年，英国兰卡斯特大学(University of Lancaster)的 Hammiche 等研究人员率先尝试了将 AFM 和红外光谱技术联用[12]。几乎同期，美国国家航空航天局下属喷气推进实验室 (NASA Jet Propulsion Laboratory)的 Anderson 等研究人员做了同样的尝试[13]。两个研究组均使用了一台配备有宽频热源的传统傅里叶变换红外光谱仪(FTIR)，并将热辐射聚焦在与样品接触的探针针尖附近。所不同的是 Hammiche 研究小组通过使用对温度敏感的热探针来检测样品对红外辐射的吸收，进而获得光谱图，而 Anderson 研究小组则利用了 AFM 的探针来检测样品的热膨胀。2004 年，Hammiche 等报道了利用上述方法获得的第一个红外光谱，从而证明了将 AFM 和红外光谱技术联用的可行性，以及利用这种联用技术进行组分化学分析的可行性[14]。

Hammiche 和 Anderson 等研究人员的开创性工作为原子力显微镜-红外光谱 (AFM-IR)技术的发展奠定了基础。尽管初期该技术的空间分辨率仍很低($\geqslant 1$ μm)，但经过 Reading[15]、Hammiche[16]、Dazzi[17]及 Hill[18]等研究人员的不懈改进，目前其分辨率已达 10 nm[19-24]。自此，AFM-IR 实现了 AFM 技术与红外光谱表征技术的结合。由于其兼具 AFM 的高空间分辨率和红外光谱技术具有的物质化学组成分析功能，可进行纳米微区化学成像和红外光谱分析，AFM-IR 目前已成为材料、生命、药物、光电科学等研究领域中进行微观结构和化学组成分析的强有力表征工具。

6.2 AFM-IR 的工作原理

AFM-IR 主要是基于光热诱导共振技术实现化学成像和红外光谱采集[3]。图 6.1 为一台商业化 AFM-IR 工作原理示意图。该仪器主要由一个 AFM 测量系统(探针及激光检测器)和一台脉冲红外激光器组成。激光器可产生脉冲频率达几十或几百千赫兹的脉冲激光。当这样一束频率可调的脉冲激光聚焦到样品上时，样品吸收特定波长的辐射波后，产生的热量将引发样品快速(通常为几百纳秒内)热膨胀，即光热诱导热膨胀效应，其形变量在皮米至亚纳米量级。样品的热膨胀将使 AFM 探针的微悬臂产生共振振荡。利用傅里叶变换提取共振振荡的振幅信号，建立其与光源波长(波数)的关系，即得到局部红外吸收光谱。在得到微区红外光谱的同时，若利用特定波长的激光照射样品，还可实现在该波长下的化学成像，即得到特定官能团在扫描区域的红外吸收分布图。

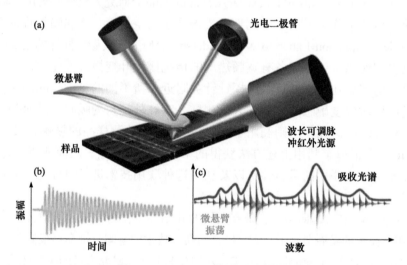

图 6.1　AFM-IR 工作原理示意图[3]

(a)波长可调脉冲光源聚焦在 AFM 探针尖端附近的样品上；AFM 针尖为红外吸收程度的探测器；(b)样品吸收特定波长的辐射波后发生热膨胀，并进一步引起探针微悬臂的共振，其振幅与样品的红外吸收成正比；(c)测定微悬臂振幅随波长(或波数)的变化可得红外谱图

AFM-IR 之所以可以通过测定微悬臂振幅的变化来得到探针针尖处的样品表面对特定波长红外光的吸收情况，是因为二者之间存在以下的对应关系[25]。

$$P = I_{inc} k V \sigma \kappa(\sigma) \tag{6-1}$$

式中，P 为样品吸收的能量；I_{inc} 为入射光强度；k 为常数(由材料折射率和光速决定）；V 为样品体积；σ 为入射光波数；κ 为对应波数下的消光系数。

　　根据 Fourier 热传导定律，样品吸收红外光后所产生的光热效应导致材料产生的最大温升可以表示为

$$\Delta T_{max} = \frac{Pt_p}{V\rho C_p} \qquad (6\text{-}2)$$

式中，t_p 为红外激光脉冲的持续时间；ρ 为样品密度；C_p 为样品的定压热容。样品表面的温升导致了热膨胀，可以表示为[26]

$$u(t) = dG\alpha_T \Delta T(t) \qquad (6\text{-}3)$$

式中，d 为样品温升区的特征尺寸；G 为与样品几何形状相关的常数；α_T 为样品的热膨胀系数；$\Delta T(t)$ 为辐射吸收区的温升。

　　由上式可以看出，样品的热膨胀（形变量）正比于对红外光的吸收，即 $u \propto \sigma\kappa(\sigma)$。因此，如果能用 AFM 探针实现对热膨胀随波数变化的测定，即能得到样品的吸收光谱。AFM 微悬臂的运动可以用 Euler-Bernoulli 方程表示[27]：

$$W(x,t) = EI\frac{\partial^4 z}{\partial x^4} + \rho S\frac{\partial^2 z}{\partial x^2} + a\gamma\frac{\partial z}{\partial x} \qquad (6\text{-}4)$$

式中，W 为在探针针尖处由热膨胀对微悬臂施加的载荷；E 为微悬臂的杨氏模量；I 为微悬臂的截面惯量；ρ 为密度；S 为微悬臂横截面积；γ 为阻尼。AFM 探针通常由硅或氮化硅制成，为刚性材料。在小幅热膨胀条件下，针尖可瞬时传输由于样品膨胀而施加到针尖上的力。其大小可由胡克定律计算，并可分解为垂直和平行于微悬臂的法向力和横向力。因此，上述式（6-4）可写为

$$W(x,t) = K\delta(x - L + \delta x)F(t) \qquad (6\text{-}5)$$

式中，$K = \cos\alpha + \dfrac{H}{\delta x}\sin\alpha$；$L$ 为微悬臂长度；δx 为针尖位置。将式（6-4）和式（6-5）联立，并利用 AFM 光学杠杆检测系统的特性，可以从微悬臂的位置 $z(x,t)$ 获得 AFM 检测器信号 $Z'(t)$，如下所示：

$$Z'(t) = \sum_n P_n D\frac{\partial g_n}{\partial x}\bigg|_{x=L} h(t) = \sum_n \frac{Kk_z D\delta x}{\rho SL}\left(\frac{\partial g_n}{\partial x}\bigg|_{x=L}\right)^2\left(\frac{\sin(\omega_n t)e^{-\frac{\Gamma}{2}t}}{\omega_n}\right)u(t) \quad (6\text{-}6)$$

式中，P_n 为共振情况下模式 n 的振幅系数；D 为激光光斑直径；g_n 为共振情况下模式 n 的空间分布；k_z 为 z 方向上微悬臂弹性系数；$h(t)$ 为傅里叶表达式；$\Gamma = \dfrac{\gamma}{\rho S}$。

由式(6-6)可知，AFM 检测器的信号是样品热膨胀 $u(t)$ 与微悬臂传递函数的卷积。因此，该式证明微悬臂运动产生的信号与样品热膨胀的程度成正比关系。对于不同的官能团，红外吸收的特征波长不同$[\sigma\kappa(\sigma)]$，产生的热膨胀变化也就具有一定的差异，因此可以通过测定 AFM 微悬臂的运动状态的变化来表征探针针尖对应样品表面区域的红外吸收情况，进而分析出样品表面的化学基团或组分在空间上的分布。

6.3　AFM-IR 的应用 ‹‹‹

在这里需要特别指出的是，针尖增强拉曼光谱术(TERS)和扫描近场光学显微镜(SNOM)也具有和 AFM-IR 相似的功能，即进行纳米尺度化学分析。与 TERS 和 SNOM 相比，AFM-IR 具有如下特点：①AFM-IR 测定的是样品对红外光的吸收，而前两者测定的均是样品对光的散射。因此 TERS 和 SNOM 更适用于对光散射能力强的样品的表征。对于 TERS，由于拉曼散射信号较弱，必须使用一特殊制造的探针来增强拉曼散射，提高其灵敏度。对于 SNOM，光的散射强度不仅受样品光学特性的影响，而且还依赖于探针与基板的光学特性。样品厚度和基板性质的不同均可引起吸收峰位置的偏移。相反，AFM-IR 探针的制造技术已经非常成熟，AFM-IR 所得红外光谱和傅里叶变换红外光谱(FTIR)也高度一致。②TERS 及 SNOM 技术均是表面敏感，检测的是样品表面区域的物理化学性质，而 AFM-IR 技术则可以测定更深区域的样品性质。因此，目前应用 TERS 和 SNOM 表征聚合物微观结构的研究仍极为有限[3,28-30]，而 AFM-IR 由于操作便捷、分辨率高、结果可靠，可用于研究特定物质的扩散与聚集、特定物质的形成与反应、特定化学结构在表界面上的空间分布等，目前已广泛用于多组分聚合物体系中定性和定量分析、聚合物复合材料界面、聚合物降解、聚合物/药物相容性等表征。

6.3.1　多组分聚合物体系中定性和定量分析

多组分聚合物体系，如聚合物共混物和复合材料、接枝共聚物、嵌段共聚物等，由于具有组分可调、性能可控、成本低、易加工等优势，用途十分广泛。为了使其具有高强度和韧性、特定的电或热性能、降解性或其他优异性能，这些材料通常由多种聚合物组分、添加剂、填料及相容剂等组成，具有复杂的多尺度微观结构。同时由于不同聚合物之间的电子密度对比度通常较小，这使得常用的扫描电镜和透射电镜等形貌表征方法难以对每个组分进行识别，导致目前对多组分聚合物体系微观结构的表征仍是一个难点。

　　聚烯烃/工程塑料/苯乙烯类塑料的共混物是一大类常见的多组分聚合物体系。近年来，对这三类聚合物共混物的研究越来越得到工业界和学术界的重视，并已成为开发新型高性能高分子材料的重要途径之一。更为重要的是，随着环境和能源问题越来越得到各国政府的高度重视，这些聚合物的回收再利用成为亟待解决的问题之一[31-33]。这是由于聚烯烃、工程塑料、苯乙烯类塑料的产量和使用量均占据了通用塑料市场的绝大部分，并且是最有希望实现回收再利用的聚合物。如果能实现这三类塑料的回收再利用，则将有效缓解由废旧塑料带来的白色污染和能源浪费。然而如何表征聚烯烃/工程塑料/苯乙烯类塑料三元或多元共混物的微观结构则是首先面对的难题之一。以聚乙烯(PE)/尼龙 6(PA6)/苯乙烯-乙烯-丁烯-苯乙烯嵌段共聚物(SEBS)三元共混物为例，该三元共混物中 PE 和 PA6 均为半结晶性聚合物、难染色，同时三种聚合物电子密度对比度也较小，扫描电镜和透射电镜均难以表征该三元共混物的微观结构。目前只能利用选择性溶剂采用逐步刻蚀的方法以扫描电镜研究其微观结构。表征费时费力，而且溶剂刻蚀还破坏了体系微观结构，尤其是界面结构[34,35]。

　　AFM-IR 的化学成像功能则有效解决了多元共混物中微观结构的表征难题。首先以尼龙 6(PA6)/天然橡胶(NR)二元共混物为例[3]。图 6.2 为 PA6/NR 二元共混物 AFM-IR 的表征结果。图 6.2(a)为 AFM 高度图，图 6.2(b)为沿垂直 PA6/NR 界面每隔一定距离所得的一系列红外光谱，图 6.2(c)为在波数 3300 cm^{-1} 处与在波数 2956 cm^{-1} 处分别扫描所得红外吸收图的比值图。波数 3300 cm^{-1} 对应 PA6

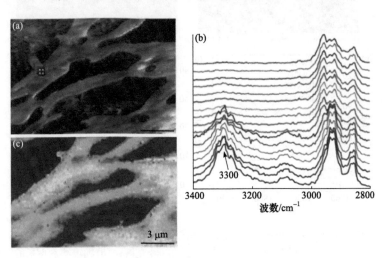

图 6.2　PA6/NR 二元共混物 AFM-IR 结果[3]

(a)高度图，标尺 3 μm；(b)在(a)中所示位置的 AFM-IR 谱图；(c)在波数 3300 cm^{-1} 处与在波数 2956 cm^{-1} 处分别扫描所得红外吸收分布图的比值图

中 N—H 键的伸缩振动，波数 2956 cm^{-1} 对应 NR 中—CH$_3$ 的反对称伸缩振动。由图 6.2 可知，随着在 PA6/NR 两相界面取样点位置的不同，波数 3300 cm^{-1} 所对应的 N—H 官能团的吸收强度不同。由此可知 6.2(a) 高度图中较低区域为 NR 相，较高区域为 PA6 相。而图 6.2(c) 中蓝色区域为 NR 组分，黄绿色区域为 PA6 相。因此利用 AFM-IR，实现了以特征官能团的红外吸收对 PA6/NR 共混物的组分识别。

当体系中包含三元或更多组分时，如上面所述的 PE/PA6/SEBS 三元共混物，由于 PE/PA6、PE/SEBS 以及 PA6/SEBS 两两不相容或部分相容，为了制备力学性能优异的三元共混物，通常需要加入带多种官能团的增容剂(马来酸酐-苯乙烯多单体熔融接枝的聚乙烯)以提高两两相界面的黏结。因此，所制备的三元共混物的微观结构及其随增容剂的演化、增容剂在共混物中的空间分布则成为研究的难点。图 6.3(a) 和(b) 为在波数 1785 cm^{-1} 扫描所得 PE/PA6/SEBS(70/15/15) 三元共混物中未添加和添加 15wt%增容剂时的微观结构[36]。需要指出的是，1785 cm^{-1} 为马来

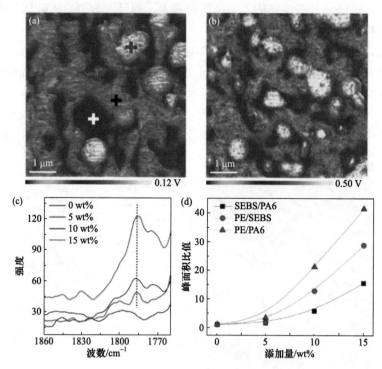

图 6.3　PE/PA6/SEBS 三元共混物未增容(a) 和添加 15 wt%增容剂后(b) 的红外吸收分布图；(c) 随增容剂添加量的增加在 PE/SEBS 界面区的红外光谱；(d) 随增容剂用量的增加，在 PA6/SEBS、PE/SEBS 和 PE/PA6 不同界面区所得红外谱图中对 1785 cm^{-1} 处吸收峰峰面积归一化的结果[36]

酸酐羰基的吸收峰。选择该峰为特征峰是为了揭示该增容剂在三元共混物中的分布。虽然该峰并非 PE、PA6 及 SEBS 的特征吸收峰，但因 PA6 在 1632 cm^{-1} 处有一个 C=O 强伸缩振动吸收峰、PE 及 SEBS 分别在 1472 cm^{-1} 和 1454 cm^{-1} 处有—CH$_2$ 的弯曲振动吸收峰(SEBS 的更弱)。因此，即使在波数 1785 cm^{-1} 处扫描，也能清晰呈现该共混物的微观结构。图 6.3(a) 和 (b) 中亮黄色区域为 PA6 相，黑色区域为 SEBS 相，而暗红色区域为 PE 相。如果利用 AFM-IR 在相应的位置做红外谱图，所得结果与利用傅里叶变换红外光谱(FTIR)所得三组分本体的红外谱图结果一致[36]。对比图 6.3(a) 与 (b) 可见，加入增容剂后，分散相 PA6 和 SEBS 的尺寸明显变小，且尺寸分布更为均匀。虽然未加和加入增容剂时该体系均形成了以 SEBS 弹性体包封或部分包封刚性 PA6 的核壳结构，但加入增容剂后，形成的核壳结构数量大大增加。该结构转变与体系韧性和断裂伸长率的大幅提高相一致。

如果体系为二元共混物，增容剂加入后将倾向于分布在两组分的界面处。然而对于三组分共混体系，由于增容剂与三个组分的相互作用不同，其分布也变得复杂。因此，理解增容剂在多组分体系中的空间分布对于改进增容剂分子结构设计、理解其添加量与共混物性能的关系具有至关重要的作用。图 6.3(c) 为在 PE/SEBS 界面处羰基吸收峰强度与增容剂添加量的关系。将该峰面积进行积分并归一化处理后可得增容剂在 PE/PA6、PE/SEBS 和 PA6/SEBS 界面处相对浓度随增容剂添加量的关系。由图 6.3(d) 可知，增容剂添加量增大，其在聚合物界面处浓度均增加，但在 PE/PA6 界面处浓度最大。因此，AFM-IR 结果表明该增容剂优先分布于 PE/PA6 界面处。此外，利用将某一官能团氘代，进而利用 AFM-IR 追踪该官能团分布的方法，也可解决增容剂在共混物中的空间分布问题。例如，将乙丙共聚物氘代，然后利用 AFM-IR 通过追踪 C—D 键伸缩振动吸收峰研究乙丙共聚物在聚乙烯/聚丙烯共混物中的分散。结果表明，乙丙共聚物主要分散在聚乙烯相中[37]。

利用两种或两种以上的单体进行共聚也是一种常用的制备高性能聚合物的策略。所制备聚合物的性能强烈依赖于单体组成和所形成的相结构。例如，为改善聚丙烯(PP)的脆性而发展的釜内合金化技术制备高抗冲聚丙烯(high impact PP，HIPP)。反应器内的合金化过程决定了 HIPP 链结构的多样性和相形态的复杂性，进而决定了其力学性能及热性能的优劣。因此，对多相多组分 HIPP 微观结构与性能的关系进行研究，并以此反向指导生产过程中工艺参数的调节具有重要实用价值。通常普遍认为在聚丙烯的基体中分散着各种乙丙共聚物所形成的具有核壳结构的橡胶粒子，组成这些橡胶粒子硬核的主要成分为聚乙烯(PE)。然而，AFM-IR 的研究结果表明 HIPP 中硬核的主要成分是 PP[38]。图 6.4 为 AFM-IR 表征 HIPP 所得的结果。由形貌图(a)可见,在PP基体中分布有核壳微观结构。图6.4(b)为在1378 cm^{-1}处扫描所得的红外吸收分布图,显示的微观结构与图6.4(a)所得一致。1378 cm^{-1}对应PP甲基C—H键对称弯曲振动,因此图6.4(b)中亮色区域(硬核区域)代表其PP含量较高。图6.4(c)为在图6.4(b)中不同位置扫描并经归一化后的红外谱图。1378 cm^{-1}处较强的吸收峰表明图6.4(b)中标识的三个区域均分布有PP,但亮色区域(硬核区域)PP含量最高。1456 cm^{-1}处吸收峰对应PP和PE甲基C—H键对称弯曲振动。归一化后谱图显示1456 cm^{-1}处的峰强有显著区别,表明三处的化学组成不同。利用红外吸收校正曲线做定量分析,可得 HIPP 基体中乙烯含量仅为 2 wt%,硬核区域为17.2 wt%。因此,与 HIPP 中硬核主要成分为 PE 的结论相反,AFM-IR 所得结果表明硬核的主要成分为 PP。进一步研究表明,在乙烯含量不同的 HIPP 中,乙烯含量较低的 HIPP-1 的硬核主要由短乙丙嵌段共聚物(ethylene-propylene-segmented copolymer,EsP)组成,其中乙烯段可结晶。而乙烯含量较高的 HIPP-2 中,其硬核包含大量的均聚 PP,以及部分 EsP 和长乙丙嵌段共聚物(ethylene-propylene block copolymer,EbP)。正是由于这一特殊的相结构,HIPP-2 才具有优异的强度和韧性[39]。

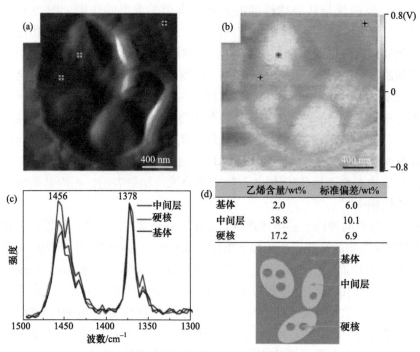

图 6.4   HIPP 的 AFM-IR 结果[38]

(a)高度图;(b)在波数 1378 cm^{-1}处扫描所得红外吸收分布图;(c)在(a)中所示的 PP 基体、中间层以及硬核处的红外谱图;(d)基于 FTIR 校正曲线所得不同相结构处的乙烯含量及 HIPP 微观相结构示意图

6.3.2　聚合物复合材料界面

　　界面是聚合物复合材料的重要组成部分。界面的微观结构与性能是决定所制备复合材料最终使用性能的关键因素。例如，对于聚合物纳米复合材料，聚合物与纳米粒子间的界面相互作用决定了纳米粒子在聚合物基体中的分散及最终的力、电、热等使用性能。聚合物与金属间的界面相互作用决定了二者间的黏结强度、金属的耐腐蚀和绝缘性能。然而由于界面的空间尺度通常很小，一般仅为几纳米至几百纳米，目前常用的表征方法在研究界面结构方面仍存在很大局限。AFM-IR 高分辨化学成像的功能则为这一领域的深入研究提供了强有力的支持，特别是在研究界面处官能团分布、化学组成等方面。

　　在纤维增强聚合物领域，AFM-IR 有力揭示了纤维与聚合物界面间化学组成的转变。图 6.5(a) 是碳纤维增强环氧树脂 AFM-IR 形貌图[40]，图 6.5(b) 为沿垂直碳纤维与环氧树脂界面每隔一定距离所得一系列红外光谱图。由图可见，在碳纤维区域(红色)所得的红外光谱只有 1600 cm⁻¹ 处碳纤维芳环的伸缩振动吸收峰，其余峰均较宽并且无明显特征吸收。而环氧树脂基体的红外吸收则更强，并且随着与碳纤维/环氧树脂界面间距离的变化而明显变化。界面区采集的第一个环氧树脂红外谱图(紫色)与延伸到环氧树脂基体的其余谱图明显不同，在 1350 cm⁻¹ 处显示出更强的吸收，表明该处甲基的浓度较高。因此，AFM-IR 结果表明环氧树脂在紧邻碳纤维区域有着不同的化学性质。在碳纳米管(CNTs)增强树脂的研究中，由 AFM-IR 发现 CNTs 经聚甲基丙烯酸甲酯(PMMA)浸润后会在其表面覆盖一层 PMMA，表明 PMMA 可有效浸润 CNTs[41]。将经该方法处理后的 CNTs 用于环氧树脂增强，有效提高了其拉伸强度和模量。进一步研究还发现，当利用液态环氧树

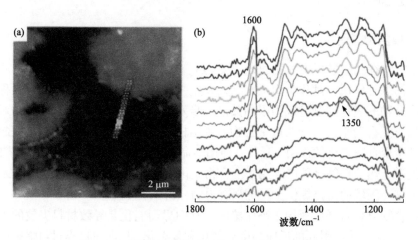

图 6.5　环氧树脂/碳纤维复合材料 AFM-IR 结果[40]

(a) 高度图；(b) 在 (a) 中所示位置，每隔一定间距所得界面处红外谱图

脂基体预浸润 CNTs 后，由于化学成分的扩散，环氧树脂/CNTs 复合材料界面具有结构非均一性。当从复合材料中拔出 CNTs 后，发现其表面覆盖了一层几纳米厚的胺分子[42]。

在电活性聚合物纳米复合材料领域，通过 AFM-IR 首次发现了聚偏二氟乙烯（polyvinylidene fluoride，PVDF）和聚偏二氟乙烯-三氟乙烯-氯氟乙烯三聚物 [P（VDF-TrFE-CFE）]为基体的多种铁电聚合物纳米复合材料界面微区的极性结构增强效应[43]。铁电聚合物的分子链构象与其物理性能密切相关，例如，PVDF 的全反式构象是铁电相，也称β相。研究发现，纳米钛酸钡（BaTiO$_3$）添加到铁电聚合物中后会导致二者界面附近局部构象的无序性增大，从而导致全反式构象（即极性β相）的局部稳定。通过 AFM-IR 发现了高度极性和不均匀界面区的形成，其极性结构随钛酸钡尺寸的减小进一步稳定和增强。这些研究结果与相场模拟和密度泛函理论计算结果相符。研究同时还发现，界面诱导的极性结构增强具有很强的空间分布非均匀性，并与是否对纳米 BaTiO$_3$ 进行表面改性无关。该研究直接证明了界面耦合效应在制备高性能电热、电容、压电和热电聚合物纳米复合材料中的关键作用。在分子水平上对界面耦合效应的新认识为界面分子工程和设计提供了新策略，为进一步提高电活性聚合物纳米复合材料的性能以及开发新的功能奠定了理论基础。

AFM-IR 还广泛用于聚合物-金属界面领域的研究[44-46]。通过 AFM-IR 发现在环氧丙烯酸酯树脂与铜线间可形成 130 nm 厚的羧化物界面区[44]。对环氧/碳钢基板的界面在老化前和老化后的研究表明，热老化使环氧-胺涂层与碳钢基板间界面发生氧化降解，其程度与距离金属基板远近成正比，并且比涂层-空气间界面的老化程度要高[45]。

6.3.3　聚合物老化

聚合物在使用过程中因受到光、氧、热、电、机械力、微生物、化学介质等环境因素的综合作用，其化学组成和结构发生一系列变化、性能下降的现象称为老化。聚合物的老化问题已成为限制其进一步发展和应用的关键因素之一。对老化机理的研究有助于进一步改进聚合物分子结构设计和优化加工条件，从而起到抑制或延缓聚合物老化的作用，延长其使用寿命，具有重要的科学意义和经济价值。红外光谱、热分析等已被广泛用于聚合物老化机理的研究，而 AFM-IR 技术的出现则为这一领域的研究提供了一更强有力的分析工具。

聚合物复合材料广泛用于高压绝缘，其中界面老化是导致材料失效的主要原因。然而，由于放电引起的反应高度局部化和复杂化，目前对这类材料降解的机理仍不明确。AFM-IR 局部的高分辨化学分析功能则为该领域研究的进一步深化提供了新的解决思路。图 6.6(a)和(b)为未经电应力和经 6000 min 电应力后在环氧树脂表面所得 AFM-IR 表征结果。(b)与(a)相比最显著的差异就是 1752 cm⁻¹ 处羰基红外吸收峰的显著增强，表明该区域发生了强烈氧化。与图 6.6(a)相比，图 6.6(b)整体的红外吸收信号减弱，并且峰变得更宽和模糊，表明聚合物的降解导致了某些官能团的丧失。图 6.6(c)为在波数 1752 cm⁻¹ 处与在 1505 cm⁻¹ 处分别扫描所得红外吸收分布图的比值图。1752 cm⁻¹ 处羰基的强吸收信号进一步证明在电痕内老化程度的加深，而 1660 cm⁻¹ 处烯烃不饱和双键的较强吸收峰表明在电痕附近老化程度的加深。经 6000 min 电应力后环氧树脂侧界面处显示羰基的吸收峰强度增加[图 6.6(d)]，证明电应力会导致在界面上产生化学反应。采用 AFM-IR 对该体系的研究表明环氧树脂/硅橡胶界面在局部放电过程中的老化是首先在电树的周边产生烯烃和羟基中间体，之后发生氧化反应生成酯。硅橡胶的老化不太明显，白色电树的产生主要是由于 Si—O 键的断裂[47]。

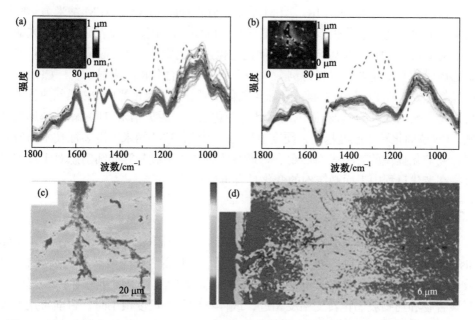

图 6.6　未经电应力(a)和经 6000 min 电应力老化(b)后在环氧树脂表面不同位置所得红外谱图；(c)经 6000 min 电应力后，在波数 1752 cm⁻¹ 与在波数 1505 cm⁻¹ 处分别扫描所得环氧树脂表面红外吸收分布图的比值图；(d)经 6000 min 电应力后，环氧树脂界面处在波数 1752 cm⁻¹ 与波数 1505 cm⁻¹ 处分别扫描所得红外吸收分布图的比值图[47]

　　聚合物涂料广泛用于各种材料基体表面的保护。在对聚合物涂料老化机理的研究中，利用 AFM-IR 比较使用和不使用光稳定剂老化样品的表面粗糙度，以及 1720 cm⁻¹ 处羰基红外吸收峰的分布，揭示了光稳定剂对丙烯酸聚氨酯涂料抗老化的效果[48]。经 10 年室外自然曝晒实验后，添加 T-292 光稳定剂的丙烯酸聚氨酯涂层表面仍平滑，而无光稳定剂的样品表面粗糙，并且有大量羧基官能团分布，表明涂层在紫外辐照、氧、热、水汽等作用下发生了严重的氧化作用。更重要的是，AFM-IR 研究发现光氧化最严重的区域为涂层的裂纹附近，即在界面裂纹附近，光氧化降解更严重，从而成为导致材料失效的主要原因。AFM-IR 研究还发现聚酯纤维（polyethylene terephthalate，PET，聚对苯二甲酸乙二酯）在人工气候条件下的老化并非均匀进行[49]。在纤维表面平滑区域的光老化以 Norrish I 降解机理为主。而在降解区域，因可以同时发生水解和光氧化，降解变得更为严重，形成含大量亲水性基团的复杂结构。AFM-IR 还在亚微米尺度上检测到纤维表面上分子构象的转变，即在老化过程中，纤维表面分子发生了从反式构象异构体向偏转构象异构体的转变。这些结构的变化导致了 PET 纤维结晶度、分子量和力学性能的大幅下降。

目前，综合利用 AFM-IR、AFM 纳米热分析（nano-TA）及 AFM 纳米力学图谱技术研究聚合物的老化也有不少报道[50-52]。例如，以上述三种表征技术研究纳米 TiO_2 对聚乙烯（PE）和聚丙烯（PP）光催化老化过程的影响。以表面覆盖有纳米 TiO_2 聚乙烯膜的光催化老化过程为例。三种表征方法综合分析结果显示：—CH_2 的光诱导氧化发生在 PE 膜的表面；光催化老化主要在纳米尺度影响 PE 膜的热性能，特别是影响纳米 TiO_2 颗粒周围的区域；老化之后，距离纳米 TiO_2 颗粒越远的区域，PE 玻璃化转变温度越高，硬度也越高。因此，这些纳米尺度表征技术为研究聚合物老化提供的有关表面形貌、物理性质以及化学成分等详细信息对于理解聚合物在老化过程中表面微结构的变化具有重要意义。

6.3.4　聚合物-药物相容性

优异的聚合物-药物相容性被认为是实现无定形固体分散体（amorphous solid dispersion，ASD）最佳性能的先决条件。如果相容性低，则体系易发生相分离，导致药物结晶度增大、溶解度和溶解速率降低，进而导致其生物利用度下降。然而，当聚合物和药物玻璃化转变温度相近，或体系相分离尺度很小时，目前常用的表征相容性的方法，如差示扫描量热仪（DSC）则比较受限。AFM-IR 高分辨化学成像能力则为研究聚合物-药物的相容性提供了便利。以 AFM-IR 对聚乙烯吡咯烷酮 [polyvinylpyrrolidone，PVP] 与麦芽糊精（dextrin，DEX）相容性的研究为例，图 6.7 为 DEX/PVP 质量比 50∶50，DEX40/PVP90（DEX 分子量 40000、PVP 分子量 1000000～1500000）体系相分离结果[53]。由 AFM-IR 在不同位置所得红外谱图可知，图 6.7(a) 中圆形区域为 DEX 分散相，PVP 为连续相。DEX 形成了两类尺寸的微区。一类微区尺寸的直径为 5～10 μm，另一类为小尺寸微区，直径范围为几百纳米到几微米。由图 6.7(a) 中所示标记位置得一系列红外谱图[图 6.7(b)]，显示

PVP 与 DEX 相分离后得到纯组分和混容区，表明二者有一定程度的相容性。图 6.7(c) 为在波数 1280 cm^{-1}(PVP 特征吸收峰) 与在波数 1350 cm^{-1}(DEX 特征吸收峰) 处分别扫描所得红外吸收分布图的比值图。由图 6.7(c) 与 (a) 比较可得，图 6.7(c) 中圆形区域对应图 6.7(a) 中 DEX 相，而连续相为 PVP。图 6.7(c) 中小图为对图 6.7(c) 部分区域的放大。很明显，在连续相 PVP 中可以观察到 (亚) 微米大小的 DEX 微区。因 PVP/DEX 相分离结构与二者的组成比以及 PVP 和 DEX 的分子量不同，所以利用 AFM-IR 的高分辨率实现了对该体系相容性的定性表征。此外，AFM-IR 还相继揭示了药物伊曲康唑 (itraconazole，ITZ) 和羟丙基甲基纤维素 (hydroxypropyl methylcellulose，HPMC)[54]以及治疗丙型肝炎的药物 Telaprevir 与 HMPC、醋酸羟丙甲纤维素琥珀酸酯 (HPMS acetate succinate, HPMCAS) 和乙烯基吡咯烷酮-乙酸乙烯酯共聚物[poly (vinylpyrrolidone-co-vinyl acetate]，PVPVA) 等聚合物的相容性[55]。

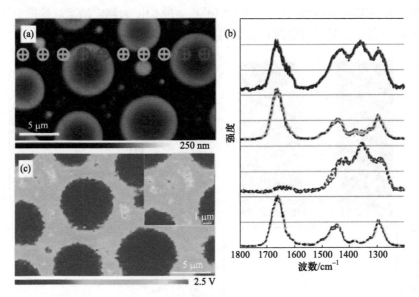

图 6.7　DEX40/PVP90 共混物的 AFM-IR 结果[53]

(a) 高度图；(b) (a) 中所示位置对应的红外谱图，每两点间距离为 2.5 μm；从底部到顶部曲线依次为：纯 PVP90(绿虚线)、纯 DEX40(红虚线)、PVP 高含量区(绿实线) 以及 DEX 高含量区(红实线)；(c) DEX40/PVP90 共混物在波数 1280 cm^{-1} 与在波数 1350 cm^{-1} 处分别扫描所得红外吸收分布图的比值图，右上角小图为对 (c) 图部分区域的放大

6.3.5　聚合物其他微观结构的表征

AFM-IR 的高分辨化学分析功能还可用于聚合物一系列其他微观结构的表征[56-62]，如纳米纤维中分子取向程度、接枝聚合物表面官能团纳米尺度的分布等。静电纺丝是一种广为使用的制备聚合物纳米纤维的传统技术。所制备的纤维在能

源、催化、传感和生物医学等领域有广泛的应用。聚合物纳米纤维中聚合物链的取向与材料的热学、光学、电学及力学性能紧密相关。例如，已有大量报道发现，当纤维的直径降低到某一临界值时，其模量会急剧增加。然而由于表征技术分辨率的局限，对纳米纤维中分子取向的研究仍比较困难。图 6.8 为静电纺丝聚偏二氟乙烯（PVDF）的 AFM-IR 表征结果[56]。图 6.8(b) 中 1404 cm^{-1} 处红外吸收峰对应—CH_2摇摆和 C—C 非对称伸缩振动，其跃迁偶极矩平行于聚合物骨架；1276 cm^{-1} 处红外吸收峰对应—CF_2 对称伸缩、C—C 对称伸缩以及 C—C—C 弯曲振动，其跃迁偶极矩垂直于聚合物骨架。当入射光沿纤维取向照射时，1404 cm^{-1} 处红外吸收峰强度更高，而垂直纤维取向照射时，1276 cm^{-1} 处的峰强度更高。利用二向色性比值（dichroic ratio，DR）（1404 cm^{-1}/1276 cm^{-1} 红外吸收峰强度比值）表征纤维中的分子取向度。由图 6.8(c) 可见直径均匀的纤维沿着轴向的 DR 基本恒定，表明聚合物链的取向度保持不变。而同一条件下获得的直径不同的纤维，其聚合物链的取向度随直径的减小呈指数级增长[图 6.8(d)]。AFM-IR 为测定纳米纤维的分子取向提供了有力支撑，对了解电纺纤维结构与性能之间的关系具有重要意义。

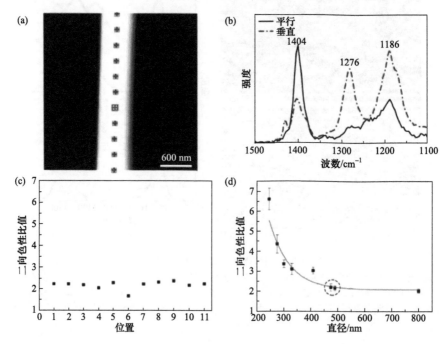

图 6.8　(a) AFM 高度图；(b) 单根 PVDF 纤维的偏振 AFM-IR 光谱图；(c) 在如 (a) 中所示点所得二向色性比值；(d) 二向色性比值随 PVDF 纤维直径的变化[56]

此外，AFM-IR 还用于对未知多层薄膜不同层的组分进行识别，进而发现了层间的阻隔层[57]。这种功能对复杂未知多层薄膜材料的逆向工程以及高性能多层薄膜材料的智能设计和共挤出具有非常重要的使用价值。AFM-IR 用于酚醛环氧树脂经催化剂固化后微观结构的表征，证实了非均一的固化过程及导致的异质微观结构，从而纠正了之前对这类聚合物微观结构上认识的不足[58]。AFM-IR 用于聚合物表面接枝改性后接枝官能团分布的表征，揭示了经聚乙二醇[poly（ethylene glycol），PEG]和聚乙烯吡咯烷酮（PVP）接枝改性聚醚砜（polyethersulfone，PES）膜后其表面上 PEG 和 PVP 官能团的非均匀分布[59]，进而将官能团的分布与改性后膜表面的疏水性相关联。这一表征方法将为功能性聚合物膜设计、制造以及膜污染分析提供重要支撑。

参 考 文 献

[1] 沈德言. 红外光谱法在高分子研究中的应用. 北京: 科学出版社, 1982.

[2] 翁诗甫, 徐怡庄. 傅里叶变换红外光谱分析. 北京: 化学工业出版社, 2016.

[3] Dazzi A, Prater C B. AFM-IR: technology and applications in nanoscale infrared spectroscopy and chemical imaging. Chem Rev, 2017, 117: 5146-5173.

[4] Lasch P, Naumann D. Spatial resolution in infrared microspectroscopic imaging of tissues. Biochim Biophys Acta Biomembr, 2006, 1758: 814-829.

[5] Mattson E C, Unger M, Clede S, et al. Toward optimal spatial and spectral quality in widefield infrared spectromicroscopy of IR labelled single cells. Analyst, 2013, 138: 5610-5618.

[6] Nasse M J, Walsh M J, Mattson E C, et al. High-resolution Fourier-transform infrared chemical imaging with multiple synchrotron beams. Nat Methods, 2011, 8: 413-416.

[7] Reddy R K, Walsh M J, Schulmerich M V, et al. High-definition infrared spectroscopic imaging. Appl Spectrosc, 2013, 67: 93-105.

[8] Findlay C R, Wiens R, Rak M, et al. Rapid biodiagnostic ex vivo imaging at 1 μm pixel resolution with thermal source FTIR FPA. Analyst, 2015, 140: 2493-2503.

[9] Verma P. Tip-enhanced Raman spectroscopy: technique and recent advances. Chem Rev, 2017, 117: 6447-6466.

[10] Dunn R C. Near-field scanning optical microscopy. Chem Rev, 1999, 99: 2891-2927.

[11] Hecht B, Sick B, Wild U P, et al. Scanning near-field optical microscopy with aperture probes: fundamentals and applications. J Chem Phys, 2000, 112: 7761-7774.

[12] Hammiche A, Pollock H M, Reading M, et al. Photothermal FT-IR spectroscopy: a step towards FT-IR microscopy at a resolution better than the diffraction limit. Appl Spectrosc, 1999, 53: 815-810.

[13] Anderson M S. Infrared spectroscopy with an atomic force microscope. Appl Spectrosc, 2000, 54: 349-352.

[14] Hammiche A, Bozec L, Pollock H M, et al. Progress in near-field photothermal infrared microspectroscopy. J Microsc, 2004, 213: 129-134.

[15] Reading M, Price D M, Grandy D B, et al. Microthermal analysis of polymers: current capabilities and future prospects. Macromol Symp, 2001, 167: 45-62.

[16] Bozec L, Hammiche A, Pollock H M, et al. Localized phtothermal infrared spectroscopy using a proximal probe. J Appl Phys, 2001, 90: 5159-5165.

[17] Dazzi A, Prazeres R, Glotin F, et al. Local infrared microspectroscopy with subwavelength spatial resolution with an atomic force microscope tip used as a photothermal sensor. Opt Lett, 2005, 30: 2388-2390.

[18]   Hill G A, Rice J H, Meech S R, et al. Submicrometer infrared surface imaging using a scanning probe microscope and an optical parametric oscillator laser. Opt Lett, 2009, 34: 431-433.

[19]   Kjoller K, Felts J R, Cook D, et al. High-sensitivity nanometer-scale infrared spectroscopy using a contact mode microcantilever with an internal resonator paddle. Nanotechnology, 2010, 21: 185705.

[20]   Cho H, Felts J R, Yu M F, et al. Improved atomic force microscope infrared spectroscopy for rapid nanometer-scale chemical identification. Nanotechnology, 2013, 24: 444007.

[21]   Lu F, Jin M, Belkin M A. Tip-enhanced infrared nanospectroscopy via molecular expansion force detection. Nat Photonics, 2014, 8: 307-312.

[22]   Ruggeri F S, Mannini B, Schmid R, et al. Single molecule secondary structure determination of proteins through infrared absorption nanospectroscopy. Nat Commun, 2020, 11: 1-9.

[23]   Katzenmeyer A M, Aksyuk V, Centrone A. Nanoscale infrared spectroscopy: improving the spectral range of the photothermal induced resonance technique. Anal Chem, 2013, 85, 1972-1979.

[24]   Katzenmeyer A M, Holland G, Chae J, et al. Mid-infrared spectroscopy beyond the diffraction limit via direct measurement of the photothermal effect. Nanoscale, 2015, 7: 17637-17641.

[25]   Born M, Wolf E. Principals of Optics. New York: Cambridge University Press, 1980.

[26]   Nowacki W. Thermoelasticity. London: Pergamon Press, 1962, 20-21.

[27]   Stockey W F. Shock and Vibration Handbook. 2nd ed. New York: McGraw-Hill, 1976.

[28]   Xue L J, Li W Z, Hoffmann G G, et al. High-resolution chemical identification of polymer blend thin films using tip-enhanced Raman mapping. Macromolecules, 2011, 44: 2852-2858.

[29]   Yeo B S, Amstad E, Schmid T, et al. Nanoscale probing of a polymer-blend thin film with tip-enhanced Raman spectroscopy. Small, 2009, 5: 952-960.

[30]   Nabha-Barnea S, Maman N, Visoly-Fisher I, et al. Microscopic investigation of degradation processes in a polyfluorene blend by near-field scanning optical microscopy. Macromolecules, 2016, 49: 6439-6444.

[31]   Creton C. Molecular stitches for enhanced recycling of packaging. Science, 2017, 355: 797-798.

[32]   Garcia J M, Robertson M L. The future of plastics recycling. Science, 2017, 358: 870-872.

[33]   Debolt M A, Robertson R E. Morphology of compatibilized ternary blends of polypropylene, nylon 66, and polystyrene. Polym Eng Sci, 2006, 46: 385-398.

[34]   Wang D, Li Y, Xie X M, et al. Compatibilization and morphology development of immiscible ternary polymer blends. Polymer, 2011, 52: 191-200.

[35]   Li H M, Xie X M. Morphology development and superior mechanical properties of PP/PA6/SEBS ternary blends compatibilized by using a highly efficient multi-phase compatibilizer. Polymer, 2017, 108: 1-10.

[36]   Li H X, Russell T P, Wang D. Nanomechanical and chemical mapping of the structure and interfacial properties in immiscible ternary polymer systems. Chin J Polym Sci, 2021, 39: 651-658.

[37]   Rickard M A, Meyers G F, Habersberger B M, et al. Nanoscale chemical imaging of a deuterium-labeled polyolefin copolymer in a polyolefin blend by atomic force microscopy-infrared spectroscopy. Polymer, 2017, 129: 247-251.

[38]   Tang F G, Bao P T, Su Z H. Analysis of nanodomain composition in high-impact polypropylene by atomic force microscopy-infrared. Anal Chem, 2016, 88: 4926-4930.

[39]   Li C H, Wang Z Q, Liu W, et al. Copolymer distribution in core-shell rubber particles in high-impact polypropylene investigated by atomic force microscopy-infrared. Macromolecules, 2020, 53: 2686-2693.

[40]   Marcott C, Lo M, Dillon E, et al. Interface analysis of composites using AFM-based nanoscale IR and mechanical

spectroscopy. Microscopy Today, 2015, 23: 38-45.

[41] Mikhalchan A, Tay T E, Banas A M, et al. Development of continuous CNT fibre-reinforced PMMA filaments for additive manufacturing: a case study by AFM-IR nanoscale imaging. Mater Lett, 2020, 262: 127182.

[42] Mikhalchan A, Banas A M, Banas K, et al. Revealing chemical heterogeneity of CNT fiber nanocomposites via nanoscale chemical imaging. Chem Mater, 2018, 30: 1856-1864.

[43] Liu Y, Yang T, Zhang B, et al. Structural insight in the interfacial effect in ferroelectric polymer nanocomposites. Adv Mater, 2020, 32: 2005431.

[44] Baden N. Novel method for high-spatial-resolution chemical analysis of buried polymer-metal interface: atomic force microscopy-infrared (AFM-IR) spectroscopy with low-angle microtomy. Appl Spectrosc, 2021, 75: 901-910.

[45] Morsch S, Lyon S, Gibbon S. Spectroscopic insights into adhesion failure at the buried epoxy-metal interphase using AFM-IR. Surf Interface Anal, 2020, 52: 1139-1144.

[46] Cavezza F, Pletincx S, Revilla R I, et al. Probing the metal oxide/polymer molecular hybrid interfaces with nanoscale resolution using AFM-IR. J Phys Chem C, 2019, 123: 26178-26184.

[47] Morsch S, Bastidas P D, Rowland S M. AFM-IR insights into the chemistry of interfacial tracking. J Mater Chem A, 2017, 5: 24508-24517.

[48] Nguyen T V, Le X H, Dao P H, et al. Stability of acrylic polyurethane coatings under accelerated aging tests and natural outdoor exposure: the critical role of the used photo-stabilizers. Prog Org Coat, 2018, 124: 137-146.

[49] Nguyen-Tri P, Prud'homme R E. Nanoscale analysis of the photodegradation of polyester fibers by AFM-IR. J Photochem Photobiol, 2019, 371: 196-204.

[50] Luo H, Xiang Y, Zhao Y, et al. Nanoscale infrared, thermal and mechanical properties of aged microplastics revealed by an atomic force microscopy coupled with infrared spectroscopy (AFM-IR) technique. Sci Total Environ, 2020, 744: 140944.

[51] Luo H, Xiang Y, Li Y, et al. Photocatalytic aging process of nano-TiO$_2$ coated polypropylene microplastics: combining atomic force microscopy and infrared spectroscopy (AFM-IR) for nanoscale chemical characterization. J Hazard Mater, 2021, 404: 124159.

[52] Luo H, Xiang Y, Tian T, et al. An AFM-IR study on surface properties of nano-TiO$_2$ coated polyethylene (PE) thin film as influenced by photocatalytic aging process. Sci Total Environ, 2021, 757: 143900.

[53] Eerdenbrugh B V, Lo M, Kjoller K, et al. Nanoscale mid-infrared evaluation of the miscibility behavior of blends of dextran or maltodextrin with poly (vinylpyrrolidone). Mol Pharm, 2012, 9: 1459-1469.

[54] Purohit H S, Taylor L S. Miscibility of itraconazole-hydroxypropyl methylcellulose blends: insights with high resolution analytical methodologies. Mol Pharm, 2015, 12: 4542-4553.

[55] Li N, Taylor L S. Nanoscale infrared, thermal, and mechanical characterization of telaprevir-polymer miscibility in amorphous solid dispersions prepared by solvent evaporation. Mol Pharm, 2016, 13: 1123-1136.

[56] Wang Z Q, Sun B L, Lu X F, et al. Molecular orientation in individual electrospun nanofibers studied by polarized AFM-IR. Macromolecules, 2019, 52: 9639-9645.

[57] Kelchtermans M, Lo M, Dillon E, et al. Characterization of a polyethylene-polyamide multilayer film using nanoscale infrared spectroscopy and imaging. Vib Spectrosc, 2016, 82: 10-15.

[58] Morsch S, Liu Y W, Lyon S B, et al. Insights into epoxy network nanostructural heterogeneity using AFM-IR. ACS Appl Mater Interfaces, 2016, 8: 959-966.

[59] Fu W Y, Carbrello C, Wu X S, et al. Visualizing and quantifying the nanoscale hydrophobicity and chemical

distribution of surface modified polyethersulfone (PES) membranes. Nanoscale, 2017, 9: 15550-15557.

[60]   Morsch S, Lyon S, Greensmith P, et al. Mapping water uptake in organic coatings using AFM-IR. Faraday Discuss, 2015, 180: 527-542.

[61]   Mathurin J, Pancani E, Deniset-Besseau A, et al. How to unravel the chemical structure and component localization of individual drug-loaded polymeric nanoparticles by using tapping AFM-IR. Analyst, 2018, 143: 5940-5949.

[62]   Tuteja M, Kang M J, Leal C, et al. Nanoscale partitioning of paclitaxel in hybrid lipid-polymer membranes. Analyst, 2018, 143: 3808-3813.

在过去三十年中，AFM 在高分子结晶研究领域已由最初的表面几何形貌观测，发展到用于研究分子结构、结晶条件和后处理条件对高分子晶体结构性能的影响；进一步还可采用扫描探针加工技术对其性能进行调控，以构筑功能化聚集态结构和微图案[1-7]。溶液结晶或超薄膜结晶形成的单层或寡层片晶可为研究高分子结晶提供合适的模型体系，与 AFM 相结合，不仅可以原位、实空间、高分辨地研究高分子的成核与生长动力学；还可以用于研究亚稳态折叠链片晶厚度和形态随热处理温度与时间的演化，从而加深对片晶内有序差异、片晶增厚与熔融和自诱导成核的认识；进一步，从纳米到亚微米连贯表征高分子片晶生长形态演变(如周期性分叉与扭转，树枝生长，弯曲生长)、多层生长和片晶生长取向转变等。此外，多功能 AFM 已经日益成为高分子结晶结构与性能研究的一种重要手段，不仅可以加深我们对高分子材料在力、电、光、磁和温度场作用下结晶结构形成与演变的认识，也可为揭示纳米尺度结晶结构与性能的关系提供新方法。

7.1 高分子成核 ‹‹‹

7.1.1 均相成核与自诱导成核

高分子结晶是典型的一级相变过程。大分子链序列结构的不规整性、拓扑结构的多样性和链间相互作用的复杂性等因素决定了高分子一般在远离平衡态时结晶，生成折叠链片晶和非晶层交替的结晶结构[8,9]。高分子结晶是大分子链的自我排列规整化过程，无序的高分子链调整构象并吸附在初级晶核的侧表面上，形成内部有序程度并不完全均一的折叠链片晶(亚稳状态)[10]。高分子结晶遵循典型的成核-生长过程，从自由能角度看成核是体自由能和表面自由能相互竞争的结果[11,12]。采用 AFM

可以在真实时空下表征超薄膜中高分子的成核、生长、增厚和熔融全过程的晶体形貌演变，有助于加深对受限条件下高分子成核机制、结晶中的链段排列过程、取向结晶形态演变等问题的理解[11,12]。李林等[13]利用聚双酚 A-正 n 烷醚（BA-C$_n$）样品开展了均相成核和诱导成核的原位研究。结果表明在一定的过冷度下，局部的热涨落使得部分高分子链段可以规整排列，形成晶胚；其中一些晶胚会由于分子链热运动离开晶格而最终消融；另外一些晶胚随着更多高分子链段排列加入，逐渐长大形成稳定的晶核。由于片晶生长前沿的次级成核位垒远小于初级晶核的生成位垒，一旦晶胚生长到一定尺寸形成稳定的原始晶核，可以很快引发片晶或多晶生长（图 7.1）。

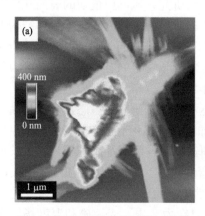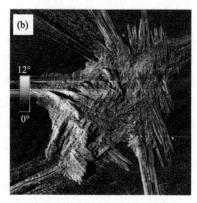

图 7.1　超薄膜中等规聚丙烯成核位点附近的交错（cross-hatched）结晶结构[14]

由于初级晶核尺寸接近超薄膜厚度且分子链扩散受限，超薄膜中仅通过一定过冷度下的热涨落或密度涨落实现均相成核较为困难[15]。实际上，利用片晶内热稳定性（有序程度）的差异，通过选择性熔融可得到不同有序程度和密度的自诱导晶核（self-seeding nuclei）。除异相成核（基底或外来杂质）以外，自诱导成核也是高分子薄膜结晶的主要成核方式[16-18]。胡文兵等[19]研究了高分子薄膜中单晶部分熔融重结晶过程及最终自诱导成核结晶形态，发现当熔融温度超过名义熔点时，高分子片晶会发生不均匀熔融和增厚，其中较稳定的片晶区域可以幸存下来作为自晶种引发晶体生长，并且这些小单晶可以克隆母晶体的取向。自诱导晶核即自晶种可以是熔融残余片晶结构、残存晶粒或熔体电子云密度起伏等不同层次的有序结构。这些熔体有序结构被不同的研究者称为"自成核"、"热晶核"、"自晶种"、"微晶"、"成核前驱体"或"有序微区"[20-25]。研究表明，熔体中初始有序结构能够直接作为初级晶核或显著降低初级成核的自由能位垒。高分子自诱导成核的研究大多是通过将固态结晶样品直接升温至名义熔点与平衡熔点之间的近熔点温度，使结晶结构部分熔融，制备含有自晶种的熔体，随后将其降温至结晶温度并研究熔体中未完全熔融晶体对自诱导成核与结晶行为的影响。研究发现，由于晶格匹配极好，自晶种具有很高的成核效率，使得熔体可以在更高的温度结晶，且结晶速率也更快[26]；在名义熔点以上，自晶种也能存在较长时间，且分子量对自晶种寿命影响较大[20,27]；取向自晶种可以进一步诱导生成各向异性结晶形态，同时可改变结晶结构与性能[28,29]。一般而言，高分子片晶的热稳定性取决于大分子链的堆砌规整度(晶胞缺陷密度和结晶类型等)、结晶结构的完善程度(结晶度和片晶厚度等)和参与折叠分子链在非晶相中的状态(片晶间系带分子、折叠链末端纤毛、紧密折叠或折叠链环圈等)[30-35]。

　　高分子薄膜中自晶种的密度与分布主要取决于片晶初始结晶结构以及在空间受限和界面效应影响下片晶熔融与增厚的竞争，其中初始片晶厚度和有序程度差异、熔融温度、熔融时间、分子链扩散至增厚前沿的距离和薄膜厚度为关键影响因素。通过改变 PEO 初始片晶的生长条件及部分熔融过程可实现对 PEO 超薄膜自晶种密度与分布的调控[36]。如图 7.2 所示，随着部分熔融温度的升高(55～57℃)，初始片晶所在位置留下的晶种减少，克隆出的 PEO 单晶数量变少；随着熔融升温速率(5～100℃/min)的升高，初始片晶边缘位置的成核密度逐渐降低，直至消失；与等温生长片晶相比，变温生长可以得到热稳定性及分布可控的初始片晶，通过选择适当的部分熔融温度，可将低温生长片晶完全熔融，只在高温生长片晶所在位置保留晶核，从而实现对自晶种密度和分布的调控。进一步发现增厚过程中片晶侧向生长活化能随升温速率的增大而增大，在聚氧化乙烯-*b*-聚

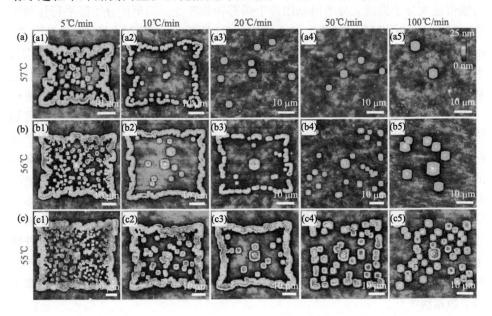

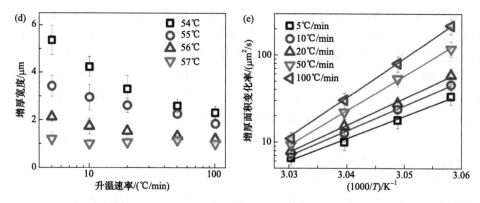

图 7.2   自成核温度和升降温速率对聚氧化乙烯自诱导成核密度与分布的影响[36]

乙烯基吡啶(PEO-*b*-P2VP)和聚丁烯-1(PB-1)超薄膜实验中也观察到了类似的现象[6]。

7.1.2   流动诱导成核

流场作用下结晶高分子取向有序结构的形成、演变及诱导结晶行为是影响制品结晶形态结构并决定其性能的关键因素。流动诱导大分子链取向有序及结晶的研究工作大多是针对本体高分子施加流动,通过改变熔体初始状态和剪切条件研究流动过程中及停止后取向有序结构的演变与结晶行为[37-40]。结晶高分子薄膜流动也可使大分子链或大分子链基团产生局部构象改变,乃至使分子链平行排列生成取向成核前驱体结构并诱导生成各向异性的结晶形态,继而带来性能的改变[41-43]。由于空间受限,薄膜中的分子链运动规律、链间相互作用关系和结晶形态结构与本体中存在着明显的不同[44-46]。目前高分子薄膜流动诱导结晶研究方法主要包括:利用刮涂高分子溶液成膜过程中产生的剪切流动制备大面积取向薄膜[47,48];通过针尖滑动等机械方法对高分子薄膜施加流动研究取向附生结晶的熔体机械剪切法[49-51];利用外加磁场与电场诱导高分子取向的外场诱导取向法和取向历史诱导附生结晶法[52,53]等。胡文兵等[54,55]采用蒙特卡洛模拟的方法进行研究,也发现取向的大分子链可以诱导折叠链片晶附生结晶。纳米薄膜和纳米纤维中的大分子链取向结构可以带来材料热稳定性、导热性和导电性等性能的显著提高[56-58]。以热导率为例:超高分子量聚乙烯结晶纳米纤维的热导率为 104 W/(m·K),相比于聚乙烯本体的 0.1 W/(m·K)提高了 1000 多倍[59];即使分子链较短的聚噻吩纳米纤维也可将热导率提高 20 倍[6,60,61]。叠层共挤出的方法可以制备包含多层取向的单层 PEO 片晶的 EAA/PEO 薄膜,致密结晶层的存在使得薄膜的气体阻隔性能提高了两个数量级[62,63]。

高分子薄膜去润湿过程是伴随有分子链构象变化的黏弹性流体的受限流动过

程，不但对薄膜表面图案的形成有影响，而且对其本身聚集态结构有着重要影响[64,65]。通常在基板或薄膜表面引入规则图案控制去润湿柱塞流动(plug flow)以构筑表面微图案[66-70]。形态上，高分子薄膜去润湿是在热或溶剂诱导作用下连续薄膜发生失稳破裂形成孔洞，孔洞生长互相碰撞形成孔接触线并组成多边形结构，继而孔接触线因瑞利不稳定性(Rayleigh instability)断裂形成小液滴的过程；其中去润湿停止后的大分子链构象是去润湿过程中分子链的取向与松弛共同作用的结果。通常情况下高分子(分子链长度几十至几百纳米)去润湿速率较慢且松弛时间较短，导致去润湿完成后分子链常以无规线团或折叠链的构象存在[71-75]。实际上，如果去润湿速率较快且分子链足够长，最终可形成由取向分子链束(伸展链构象)组成的孔接触线(通常为微米级)[6]。

通过在预先加热的硅片上旋涂热的超高分子量聚乙烯(UHMWPE)稀溶液，可得到由去润湿诱导形成的串晶网络(shish-kebab network)结构[图 7.3 (a)和(b)]。研

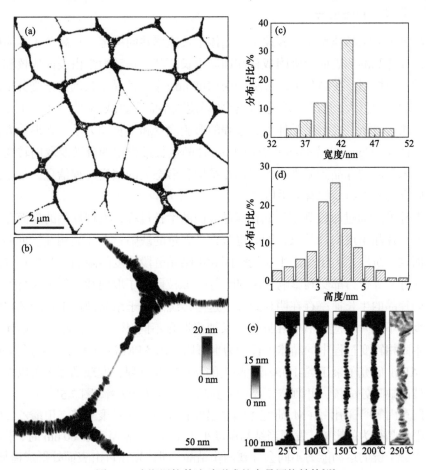

图 7.3　去润湿拉伸流动形成的串晶网络结构[43]

究发现分子量、分子量分布、溶液浓度、旋涂溶液温度和旋涂速度等参数对串晶网络的形态有显著影响。进一步对串晶网络进行热处理，发现此结构即使在 UHMWPE 平衡熔点以上也具有很好的稳定性。在时间尺度上，去润湿流动形成的伸直链结构在 160℃保温 62 h 或 200℃保温 4 h 仍然具有诱导结晶的能力。如图 7.3(e) 所示，当加热温度达到 250℃时，伸直链仍可以诱导侧立片晶生成。结果表明，受限松弛条件下串晶网络中的孔接触线熔体黏度大于其本体表观黏度三个数量级[6]。

7.2 结晶与熔融过程 <<<

7.2.1 结晶过程原位表征

高分子的结晶速率由成核速率和晶体生长速率共同决定。在高分子本体中，分子链在片晶的侧表面上吸附成核和铺展生长，其生长动力学由表面成核和分子链扩散共同控制。在高分子超薄膜(小于 100 nm)中，片晶生长动力学受分子链扩散速率的影响更大，片晶生长速率随薄膜厚度减小而明显减小[76]。采用 AFM 原位表征方法可以研究高分子晶体生长过程的形貌演变和生长动力学。在形貌方面可以表征侧立(edge-on)片晶和平躺(flat-on)片晶生长过程中的分叉及取向转变，提供从纳米尺度的片晶到微米级的球晶在结构和形态上的演变过程信息，是多尺度原位研究高分子结晶的有力手段之一。

李林等[77]通过原位观察片晶在球晶界面的生长过程，发现球晶的界面存在由相互平行片晶组成的片晶束，同时也包含了大量的缺陷；在片晶相互接近形成球晶界面这一阶段，由于片晶生长受空间和可结晶链段浓度的限制，其生长方向以及诱导分叉等行为都受到影响。Hobbs 等[78]原位研究了取向片晶的生长行为，发现不同片晶的生长速率存在明显差异，这与传统高分子结晶理论中预测的在特定过冷度下不同片晶应该具有相同的生长速率明显不同(图 7.4)。除了从熔体结晶外，固-固相转变过程中的晶体生长行为也可以采用 AFM 进行表征，闫寿科等[79,80]采用 AFM 研究了聚丁烯-1 单层片晶内的晶型转变过程，发现晶型Ⅰ可以在晶型Ⅱ树枝晶缺陷处成核，并测定了晶型Ⅱ到晶型Ⅰ的转变速率(图 7.5)。

周东山等[81]采用 AFM 研究了结晶温度和界面条件对聚对苯二甲酸乙二醇酯的受限结晶行为的影响，发现当结晶温度小于 140℃或膜厚小于 60 nm 时，沿膜厚方向大分子链的运动能力不同会导致两步结晶，即首先在自由表面处形成树枝晶，

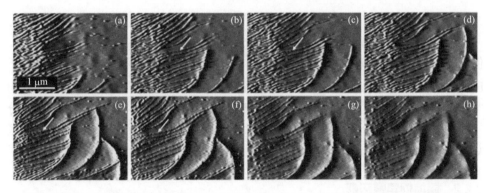

图 7.4 聚乙烯侧立片晶生长 [(a)～(d)] 和熔融 [(e)～(h)] 过程中随时间的形态演变[77]

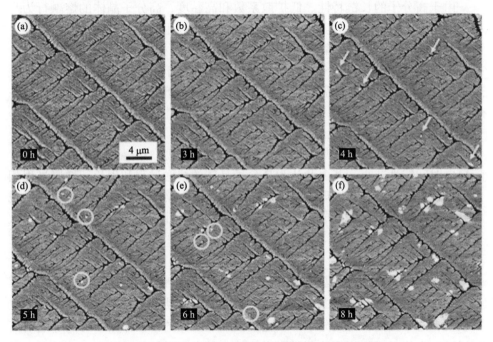

图 7.5 原子力显微镜表征聚丁烯-1 晶型转变过程[80]

随后在内部形成球晶。由晶体尺寸与时间的依赖关系也可以判断晶体生长动力学的控制机理，若晶体尺寸随时间是线性变化关系，说明是成核机理控制晶体生长；若片晶体积随时间呈线性关系，则说明是扩散机理控制晶体生长。Zhu 等[82]采用AFM 研究了在亲水性云母基板上带有不同链端基 PEO 超薄膜中的晶体生长速率，发现 MHPEO (一端是—OH，另一端是—OCH$_3$) 薄膜结晶时，单晶形状为菱形，晶体尺寸 (r) 与时间 (t) 呈现两段线性关系，$r \propto t$。第一段是在熔体液滴中的晶体生长，其生长前沿被周围无序分子链包围，相当于本体生长，所以生长速率较快；第二段是液滴中的分子链耗尽后，周围较薄的分子层通过输送分子链到生长前沿，并调整其构象进行结晶。虽然第二段的成核扩散位垒增加，导致生长速率减慢，但是两个阶段的晶体线性生长关系说明二者都是由成核机理所控制。对于 HPEO（两端都是—OH）薄膜结晶时，单晶呈现圆形，$r \propto t^{0.5}$，说明晶体生长动力学由扩散机理控制；此扩散场是由于氢键链端与基板之间存在特殊相互作用，分子链扩散受到影响，形成了分子链浓度梯度，甚至生长前沿还可能出现排空区（depletion zone）。

7.2.2　晶体的熔融过程

由于高分子的长链特性、低扩散系数和高黏度，高分子晶体的熔融行为与小分子存在着显著的不同。小分子的熔融过程可以用热力学理论来进行描述，该理论认为小分子固体的熔点就是液-固一级相变中两相吉布斯自由能的交点[83]，在该温度下固体小分子会全部转变为熔体状态。对于高分子晶体而言，其熔融过程通常具有较宽的熔融温度范围，即高分子具有熔程，而不像小分子晶体在熔点下全部熔融[84]，这是因为高分子片晶的亚稳定性（厚度或有序程度）具有一个很宽的分布。早在 20 世纪 70 年代，Kovacs 等[85-87]利用偏光显微镜研究了低分子量聚氧化乙烯折叠链片晶的等温熔融过程，发现在熔融过程中，晶体尺寸随熔融时间线性减小，并由此认为高分子晶体的熔融过程和生长、增厚过程相似，都是表面成核控制机理。任伊锦[88]利用蒙特卡洛分子模拟的方法，从微观单分子链尺度证明了表面成核控制熔融过程的可能性。此外在本体实验中，众多研究者也根据各自的实验现象提出了高分子熔融的熵位垒机理[89,90]和能位垒机理[83]。

由于受到空间效应和基底/高分子界面效应的影响，一维受限的高分子薄膜（100～1000 nm）和超薄膜（<100 nm）[91]中分子链运动能力与本体截然不同，主要表现在两个方面：与高分子薄膜直接接触的基底的界面作用，对其邻近的高分子链存在物理吸附作用；薄膜厚度比较小，高分子链的运动自由度减小，运动方式和运动能力均发生了很大改变。Jonas 等[92]研究了多层聚乙烯单晶在超薄膜中的熔融行为，观察到三层聚乙烯单层片晶在熔融过程中，上层片晶先被熔融，然后中间层和底层片晶依次熔融，这可能是因为固态基板上的多层片晶的表面能差异。Kawaguchi 等[93]研究了聚乙烯单晶在不同基底上的退火熔融行为，观察到除了片晶熔融形态随时间和温度变化外，基底对片晶熔融形态也有较大影响。

Winkel 等[94]利用 AFM 原位表征折叠链长链烷烃晶体的熔融过程，发现片晶增厚现象首先发生在晶体生长前沿，并且晶体内还会出现孔洞化现象。闫寿科等[95]研究了不同基底条件下 PEO 单晶的熔融行为，结果也发现熔融首先发生在晶体边缘，此外还发现 PEO 晶体在不同基底上的熔融去润湿速率并不相同，即基底对于高分子晶体的熔融过程也存在影响。Hobbs 等[96]利用 AFM 原位研究超长分子链聚烷烃单晶退火和增厚行为时发现，随着退火温度或退火时间的增加，在晶体边缘形成不规则缺口。陈尔强等[82,97-99]采用 AFM 原位表征了超薄膜中 PEO 片晶的生长、增厚和熔融过程中的路径选择与形态演变，系统地研究了高分子片晶亚稳态结构的形成以及演变规律(图 7.6)。

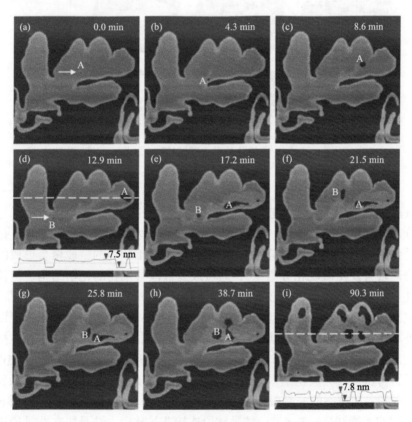

图 7.6　聚氧化乙烯片晶熔融过程中的形貌演变[94]

高分子片晶在缓慢升温熔融过程中伴随着结晶结构完善与局部增厚[100]，且表现出强烈的结晶历史依赖性[101,102]；单晶或单层片晶部分熔融过程中通常由于局部增厚生成"瑞士奶酪"图案[103]；高分子单晶内不同扇区的熔点与其内部分子链的折叠方向有关[104]；陈尔强等[105-107]发现 PEO 的分子链结构(链缺陷)、分子链折叠状态

(整数与非整数折叠)和分子量对其增厚和熔融行为都有重要影响;王维等[108,109]认为低分子量 PEO 片晶的退火增厚分为自发增厚和诱导增厚,并发现二次诱导增厚符合成核-增长机理(图 7.7)。

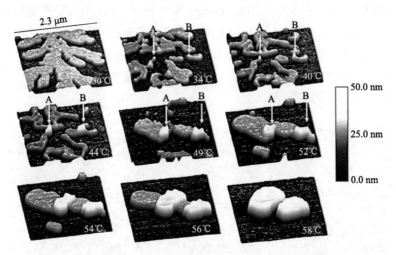

图 7.7　聚氧化乙烯片晶退火增厚过程中的形态演变[108]

7.2.3　嵌段共聚物受限结晶

　　嵌段共聚物是在大分子链内部引入一个化学限制,由于每个组分链都与另一个组分链通过化学键相连,一个组分与另一个组分发生结晶或相分离时,每条链都要受到近邻另一化学组分链的约束。热力学上互不相容的链段聚合形成的嵌段共聚物通常会发生微观相分离[110],通过改变嵌段共聚物的化学结构、链长、外场条件或制备方法等可以使嵌段共聚物通过自组装产生各种有序图案[111]。AFM 是研究高分子自组装形态及动力学的理想表征方法,其最大的优势在于可以原位观察外场作用下自组装形态演变过程。对于结晶性嵌段高分子而言,存在微相分离与结晶之间的竞争,根据非晶组分玻璃化转变温度(T_g)和结晶段结晶温度(T_c)的关系,可将嵌段共聚物纳米微畴受限结晶大致分成三类:$T_g > T_c$,结晶软段连接非晶硬段,玻璃态的非晶段使结晶段的运动能力下降,结晶段必须足够长,或加入增塑剂才能结晶;$T_g < T_c$,结晶软段连接非晶软段,结晶段在非晶段提供的高弹或黏流态界面限制下发生结晶,结晶有可能突破微畴软边界的限制,从而破坏纳米图案的规整性;若两嵌段或多嵌段共聚物每段都是可结晶的,但结晶温度范围不同,在降温过程中依次发生结晶。而结晶性嵌段共聚物的形态不仅取决于嵌段组成是否混容和嵌段之间的相互作用强度,还取决于结晶条件。可结晶链段的引入使嵌段共聚物体系更加复杂,功能也更加多样化,结晶驱动自组装已经成

为嵌段共聚物体系结构调控的有效方法,结晶性嵌段共聚物的光学和机械性能等都取决于微结构的形貌以及整体的结晶度。

对于结晶性嵌段共聚物薄膜, 嵌段的比例会改变结晶性嵌段的浓度, 从而影响结晶性嵌段的结晶度和结晶速率。Goodman[112]对 PS-b-PEO 的结晶行为进行了研究, 发现结晶性嵌段 PEO 的结晶能力与非晶嵌段 PS 的含量具有密切联系。当 PS 的含量增加时, PEO 的结晶度、结晶速率会随之下降。Fairclough 等[113]研究了聚酯-聚醚多嵌段共聚物的结晶过程, 发现当非晶聚醚嵌段的含量足够高时, 非晶聚醚嵌段可以作为聚酯微晶颗粒之间的连接生成立体的三维网络结构,从而促进体系的结晶能力。各种热力学和动力学因素,如温度、有机蒸气气氛和处理路径等都会影响嵌段共聚物微相分离、结晶和去润湿行为,从而得到丰富的结晶形态。

温度不仅可以对微相分离过程产生影响,同时也是控制结晶过程的重要手段,对嵌段共聚物的最终形貌起决定性作用。对于微相分离过程, 发生微相分离的临界温度称为 T_{ODT}。当结晶温度高于 T_{ODT} 时,结晶性嵌段共聚物从熔体降温时结晶过程优先进行并占主导地位,具有结晶能力的嵌段自发结晶形成晶体,无序的非结晶链段形成非晶层附着在晶体表面。Reiter 等[114]使用 AFM 和掠入式广角 X 射线散射技术研究了 PS-b-PEO 嵌段共聚物薄膜在不同过冷度下的晶体形态,发现在大过冷度状态下, 晶体生长前沿可形成亚微米级小晶粒;而在中小过冷度下则会形成大尺寸的晶粒。当结晶性嵌段的结晶温度低于 T_{ODT} 时, 微相分离过程优先进行, 相分离形成纳米尺度的微畴对后续的结晶过程产生空间限制。Alharbe 等[115]利用 AFM 的针尖刺入熔融的半结晶性嵌段共聚物薄膜,研究了晶体的受限流动诱导结晶行为, 发现晶体在平行于相分离形成的圆柱轴方向生长,并且结晶温度会影响受限晶体的结晶速率。AFM 也可用于研究固态基板上的二嵌段共聚物在柱状和球状微畴中的熔融行为[116]。Reiter 等[117]采用轻敲模式研究 PBh-b-PEO 相分离形成的球状微畴中 PEO 的熔融行为, 发现并非所有的球状微畴中的 PEO 晶体都在同一温度下熔融,表明单个纳米级高分子晶体的有序程度不同。Vasilev 等[118]采用 AFM 观察到 PB-b-PEO 共聚物在高温结晶或退火处理时会由柱状微畴断裂成为串珠状微畴。

另外一个影响嵌段共聚物结晶形态的重要因素是膜厚。在超薄膜中,结晶和相分离均在厚度方向上受限;当膜厚为相分离长周期的整数倍或长周期的一半时,容易形成台阶状形貌或去润湿形貌。Reiter 和 Vidal[119]对比研究了 PS-b-PEO 薄膜中基板吸附层、高分子/空气界面层和两层之间中间层中的 PEO 结晶速率,发现在基板吸附层中晶体生长速率最慢, 高分子/空气界面层速率中等, 中间层生长速率最快。Papadakis 等[120]研究了 PI-b-PEO 薄膜的相分离形貌和结晶行为, 发现旋涂样品中 PEO 形成了柱状形貌;在经过 148 天结晶以后, 在高分子/空气界面层可以形成层状 PEO 晶体,但基板吸附层中 PEO 依然保持无定形的柱状形貌。Ramanathan 等[121]研究了溶剂蒸气诱导 PS-*b*-PFDMS 薄膜中的树枝状或类球晶状的结晶形态,发现微米级树枝晶的分叉密度随膜厚的增加而增大,当膜厚超过 100nm 时,薄膜容易发生去润湿。

7.3　结晶形态结构分析　　◄◄◄

7.3.1　结晶结构的确定

对于高分子材料而言,结晶度、结晶结构及结晶形态是影响材料性能乃至其最终用途的重要因素。在不同的结晶条件下,高分子可以形成不同亚稳定性的晶体结构和形态。结晶结构的确定是在片晶尺度研究晶体生长、形态演变和熔融行为的前提。最常用的方法是直接利用不同结晶形态上的差异进行区分,如等规聚丙烯可以形成α、β和γ等不同晶型。β晶在热力学上属于亚稳态,在一定条件下可与热力学稳态的α晶同时生长。在超薄膜中利用流动诱导可得到β晶呈六角单晶形态,而α晶倾向于形成树叶状形态。除了形态上的差异外,等规聚丙烯β晶和α晶也具有热稳定性和溶剂稳定性差异。如图 7.8 所示,利用两种晶型之间的溶剂稳定性差异,采用 106℃的对二甲苯溶剂冲洗等规聚丙烯流动诱导结晶样品,发现β晶已经部分溶解,但α晶仍然保持形态上的稳定。

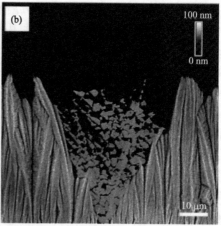

图 7.8　选择性溶解法区分等规聚丙烯β晶和α晶

AFM 形貌成像技术与红外(infrared)和拉曼(Raman)光谱分析技术结合,衍生出具有纳米级高空间分辨率的原子力显微镜-红外光谱（AFM-IR）[122]和原子力显微镜-拉曼光谱（AFM-Raman）[124]。AFM-IR 技术基于光热诱导共振现象，当样品微区吸收红外光后发生热膨胀，引起探针受力振动形成吸收光谱信号，其得到的微区红外光谱与本体傅里叶变换红外光谱具有较好的一致性。AFM-Raman 基于针尖增强拉曼光谱技术，当激光照射到针尖，局部表面等离子体被激发导致局域电磁场增强，最终增强针尖下方被测区域的拉曼信号[125]。两种技术都是利用探针克服光学衍射极限，在纳米尺度获得材料的微区化学结构和表面形貌及性能的对应关系。在高分子材料中，可用于表征多层膜化学组分[126,127]、分子链构象和链取向程度[128-130]、共混物组成及其分布[131,132]、聚合度[133,134]和结晶度[135,136]等。最近 Gong 等[123]利用 AFM-IR 成像研究了单根聚 3-羟基丁酸-3-羟基己酸（PHBHx）内部的晶型分布。如图 7.9 所示，对 PHBHx 纳米纤维进行红外吸收成像，1740 cm^{-1} 和 1728 cm^{-1} 处分别对应于β相和α相的羰基伸缩振动吸收；利用 1740 cm^{-1} 进行成像发现边缘的壳颜色呈现为红色，证明壳在 1740 cm^{-1} 处吸收较强，相反中间的核在 1728 cm^{-1} 处吸收较强，说明热力学稳定相α相主要分布在核中，而亚稳相β相主要分布在壳中。

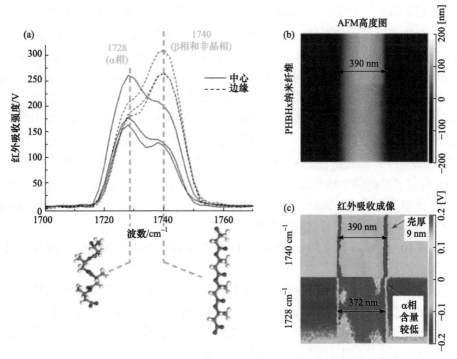

图 7.9　利用 AFM-IR 表征聚 3-羟基丁酸-3-羟基己酸纳米纤维中不同晶型[123]

7.3.2 高分子片晶不稳定生长

高分子超薄膜结晶可以作为模型体系研究远离平衡态的高分子结晶形态演变[137]。受扩散限制凝聚(diffusion limited aggregation，DLA)机理控制[138-143]，在高分子超薄膜中片晶生长前沿会出现周期性分枝或分叉[144]。其中的主要原因如下，一方面是动力学因素，即分子链扩散到晶体生长前沿的难度增加，使得平整的生长前沿出现弯曲或者断裂；另一方面是表面张力(surface tension)因素，分子链扩散时其浓度逐渐减小，导致枝杈变宽，尖端半径增大。在热力学上较稳定的折叠链平躺片晶具有规则形状，而动力学理论认为，晶体总是选择那些具有生长速率最大值的方式生长，从而导致丰富的结晶形态，如海藻状、树枝状和周期分叉结构等。动力学因素和表面张力因素共同作用导致片晶在生长过程中发生亚微米或微米尺度的形貌改变[4,145]。折叠链侧立片晶通过不断分叉形成类似于球晶的形态，而分叉密度与结晶温度和薄膜厚度存在密切关系[146]。

由于分子链结构与晶胞结构的差异，片晶不稳定生长在不同的结晶高分子体系中时也具有不同的表现形式[147-149]。超薄膜中高分子片晶不稳定生长的机制可描述为：片晶周围的无序分子链向晶体生长前沿扩散，产生由浓度梯度引起的各向同性的自扩散；分子链扩散到晶体生长前沿的扩散距离 l (排空区的宽度)，由稳定吸附一个分子链所用的平均时间 τ_a 和扩散系数 D 所决定，即 $l \sim (D\tau_a)^{1/2}$；同时片晶生长速率 $G \sim D/l$。如图 7.10(a)所示，平躺片晶的对角线处 l 最短(最容易捕捉到分子链)，所以对角线上的主枝生长速率最快。按照 Mullins-Sekerka 不稳定晶体生长理论的描述，一个平滑晶体的生长面如果发生失稳，会产生侧枝，其中形态不稳定的特征长度即侧枝最小波长(λ)与分子链扩散距离 l 和由晶体表面张力决定的毛细作用长度 d_0 有关。Lotz 等[150]也发现超薄膜中扩散系数和分子量存在标度关系($D \sim M^{-1.5}$)，即短链比长链更加容易扩散到生长前沿。王维等[31,33,150,151]采用 AFM 研究了超薄膜中结晶温度和分子量对 PEO 片晶形态的影响，通过分形维数和长径比定量分析了不同结晶形貌之间的转变，并由此提出 PEO 晶体的形态来源于分子链扩散与晶体生长之间的竞争。

图 7.10(a)～(c)是 7.5 nm 厚的 PEO 薄膜在不同等温结晶温度下结晶的 AFM 高度图。当温度低于 51℃时，PEO 晶体沿着对角线方向分叉生长，形成了典型的树枝状形貌。随着结晶温度的升高，发生从树枝晶到接近规整晶面单晶的转变[36]。在薄膜片晶生长过程中，无序分子链需要扩散到生长前沿并垂直于基板折叠排入平躺片晶，当片晶厚度大于薄膜厚度且分子链的生长吸附速率大于其扩散至生长前沿的速率时，片晶生长前沿就因物料供应不足产生如图 7.10(b)中白色箭头所示的物料排空区，从而发生不稳定生长。一定温度下随膜厚的增加，不稳定特征长度增加，树枝晶逐渐演变成了具有规则外形的单晶，此外在厚度较大的薄膜中可以

观察到多层片晶的生长[图 7.10(f)]。在相同的膜厚和结晶温度下，不同分子量的 PEO 结晶形态存在明显不同。随着分子量的增大，结晶形态由较为规则转变成分叉密度较大且失去优势生长方向的海藻状晶体[图 7.10(g)～(i)]。

图 7.10　结晶温度、膜厚和分子量对聚氧化乙烯薄膜结晶形态的影响[36]

　　等规聚丙烯(iPP)作为常用的聚烯烃[152]，在本体结晶研究中被广泛报道，但有关聚丙烯薄膜结晶形貌的研究却较少。如图 7.11 所示，等规聚丙烯片晶在 135℃ 结晶后形成了边缘有树枝状分叉的板条状晶体。随着结晶温度的升高，沿 b 轴方向上的树枝状分叉逐渐消失，整个片晶逐渐演变成边缘规则的板条状片晶。同时，当片晶沿 a^* 生长前端宽度大于某一临界值时就会变得不稳定而分裂为两个片晶，形成垂直于晶体生长面的裂纹，分裂后的两个片晶分别独立地向前生长。当晶体前端的宽度再一次达到临界值时，片晶前端再次发生分裂。在 a^* 方向上，最终形成了图 7.11 中所示的周期性分叉结构。采用 AFM 测量片晶每次分叉前的最大片晶宽度(W)，发现在同一结晶温度下的 W 几乎保持不变。通过测量不同结晶温度下的 W 与生长速率(G)，计算得出 W^2G 为常数(不依赖于结晶温度)，即符合 Mullins-Sekerka 不稳定晶体生长理论。由此可以认为 iPP 薄膜晶体沿 a^* 轴方向周期性分叉是由片晶生长前沿不稳定引起的[6,14]。

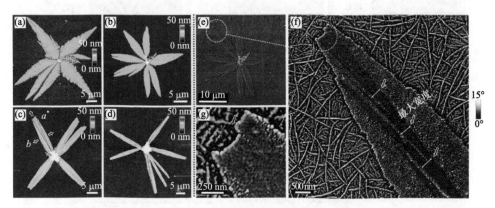

图 7.11　等规聚丙烯树枝晶分叉密度与结晶温度[130℃(a)、135℃(b)、
140℃(c)、145℃(d)]的关系[14]

7.3.3　超薄膜中高分子片晶生长取向转变

以基板为参照，超薄膜中高分子片晶的取向可分为分子链折叠方向平行于基板的侧立片晶[143,153]和折叠方向垂直于基板的平躺片晶[154]。在超薄膜初级成核中，侧立取向晶核的临界成核位垒要小于平躺取向晶核，所以初级成核倾向于侧立取向继而诱导侧立片晶生长[76]。在受限生长条件下，可以观察到高分子结晶过程中片晶生长分叉、取向转化或周期性扭转(图 7.12)。李林等[13,155,156]观察到了从晶胚生长成为单个侧立片晶，再到捆束状分叉的侧立片晶的生长过程。Wang 等[157]

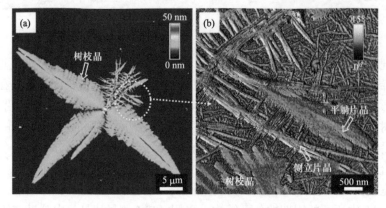

图 7.12　等规聚丙烯片晶生长取向转变[14]

采用 AFM 原位研究了不同温度下聚双酚 A-己烷醚（BA-C$_6$）薄膜中片晶的取向问题，发现在较低的温度（接近高分子玻璃化转变温度 T_g）下，薄膜中主要形成侧立片晶；在较高的温度（接近高分子熔融温度 T_m）下，薄膜中同时存在侧立片晶和平躺片晶。Chan 等[158]提出了著名的"三层 T_g"模型来解释低温下高分子薄膜中主要形成侧立片晶，以及随着温度升高薄膜中平躺片晶比例逐渐增加这一现象。在接近其玻璃化转变温度的较低温度下，由于高分子薄膜表面的分子链运动能力最强，侧立片晶容易在薄膜表面均相成核；而高温下，在基板附近的异相成核速率大于均相成核速率，异相成核诱导的平躺片晶比例增加。综上所述，分子链结构、薄膜厚度和结晶温度对超薄膜中片晶生长取向的选择有明显影响。

随着人们对高分子超薄膜中片晶取向的深入研究，发现片晶取向在同一温度和同一厚度的情况下也可以进行相互转化。对于等规聚丙烯超薄膜，在流动诱导形成的高密度α-iPP 侧立片晶转化为平躺生长的过程中，有一定概率诱导β-iPP 平躺片晶成核[159]（图 7.13）。闫寿科等[160-164]发现高度取向的高分子基底可以诱导异

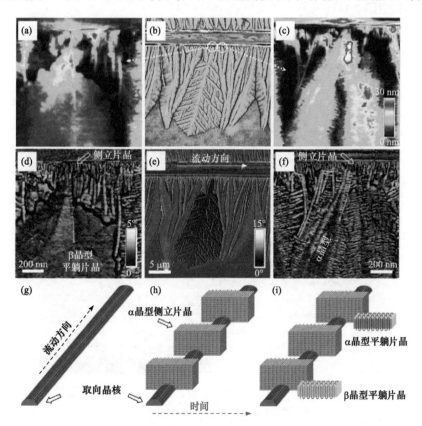

图 7.13　等规聚丙烯超薄膜中片晶生长取向改变对β晶型聚丙烯成核的影响[159]

质高分子取向结晶，且附生结晶形态与结构都明显受到基底取向的影响。何天白等[165]采用 AFM 表征了纳米压印对 PCL-*b*-PLLA 受限结晶取向行为的影响，在 PCL 薄膜中也可以观察到由于折叠表面应力导致的片晶扭曲生长[51]。通过 AFM 原位表征发现聚 L-乳酸(PLLA)薄膜在结晶初始阶段形成侧立取向的晶核，随后转变为平躺片晶继续生长，两种取向片晶的生长速率基本一致[50,154]。进一步研究发现，当 AFM 扫描针尖划过熔融态的薄膜表面后，"S"形的侧立片晶优先在划痕处成核并垂直于划痕生长，随着等温结晶时间的延长，划痕两侧会逐渐生长出平躺树枝晶，这可能是由侧立片晶生长过程中分子链堆砌的畸变引起生长取向转变所致[166]。对于具有手性的聚乳酸，其手性与侧立片晶的宏观形状之间存在明显的相关性，即 PLLA 侧立片晶呈"S"形弯曲生长，而 PDLA 侧立片晶则呈反"S"形弯曲生长。当在真空、液态或高湿度等环境氛围下扫描或者使用扭转轻敲模式[167,168]和双模轻敲模式[169]等特殊模式可实现对高分子侧立片晶进行高分辨成像，从而研究片晶间系带分子[170]、端表面"环圈"[167,168]和分子链螺旋结构[171-173]的真实形态(图 7.14)。

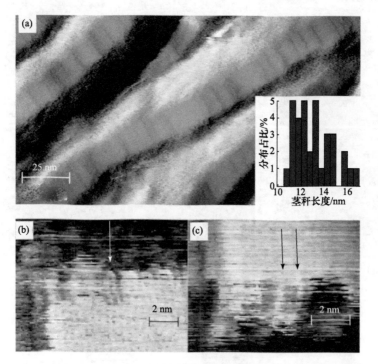

图 7.14 采用扭转轻敲模式以超高分辨率表征聚乙烯侧立片晶(a)和折叠链端"环圈"形态(如箭头所示)[(b)、(c)][167]

7.3.4　片晶尺度结构与性能关系

　　共轭高分子具有质轻、柔韧性好、易于溶液加工和性能易于调控等特点，在有机光伏、有机晶体管和柔性传感器件等领域有着广泛的应用前景[174-179]。链刚性与强烈的 π-π 相互作用决定了共轭高分子可形成不同尺度的结晶结构，包括 π-π 堆叠、纳米尺度微晶、纳米-微米尺度的一维片晶和微米尺度的片晶网络或球晶[180]。由于共轭高分子通常不能完全结晶，晶区常与非晶区共存形成包含多尺度多层次有序结构的非均质聚集态结构。通过改变共轭高分子聚集态结构可以调控器件的宏观光电性能已成为共识，揭示共轭高分子"结构与性能"的关系日益成为高分子加工和高分子物理最活跃的热点领域之一。针对特定结晶结构(尺度与有序程度上的窄分散)的电荷传输性能与机制的研究也可为探索通过精细调控多尺度有序结构，继而获得更好的性能提供研究基础，也可进一步丰富高分子电子学的研究内容[180-186]。

　　初始薄膜呈现出由非晶相和大量小晶体共同构成的结节状形貌[图 7.15(a)]。进一步将初始薄膜加热到 240℃熔融保温 1 min 后，降至 185℃等温结晶 10 min，最后淬冷至室温后可以观察到大量纤维状片晶嵌在非晶相和小晶体中[图 7.15(b)]。对比结晶前后的电流分布图[图 7.15(d)和(e)]，可发现初始薄膜的导电性相当低，

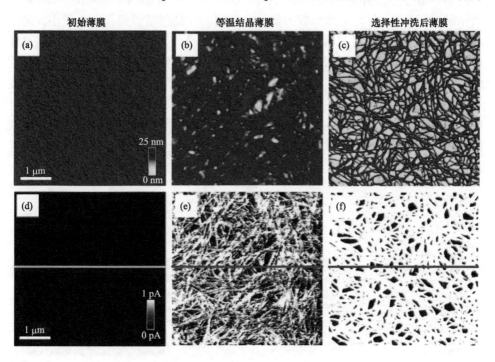

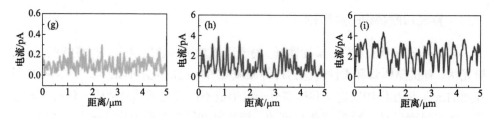

图 7.15　超薄膜中 P3HT 片晶结晶形貌与偏压电流的关系[187]

从图 7.15(g) 中可观察到其平均电流仅 0.15 pA，这可能是由于小晶体之间存在大量晶界，导致电荷长程传输较为困难。等温结晶后的薄膜导电性有显著提高，平均电流约为 1.5 pA[图 7.15(h)]，与初始薄膜相比，增加了一个数量级。为了探索在等温结晶过程中形成的 P3HT 晶体的形态和导电性，进一步采用溶剂选择性去除结晶薄膜中的不完善晶粒和非晶相，得到了具有可控分叉密度的 P3HT 片晶网络[图 7.15(c)]，其平均电流接近 3 pA[图 7.15(i)]，提高至约 2 倍。由上述结果可以看出，等温结晶得到的 P3HT 片晶网络具有较好的电荷长程传输能力。

　　聚噻吩结晶形态结构也表现出了与柔性链结晶高分子相似的结晶温度和时间依赖性[101,180,188-191]。聚噻吩溶液结晶通常可以得到单晶或单根纤维晶[192,193]，而薄膜中熔融生长可使 P3HT 侧立片层不断分叉形成片晶网络。如图 7.16 所示，当结晶时间为 2 s 时，结晶形貌为低分叉密度的片晶网络，偏压电流较小；随结晶时间增加到 10 s，可观察到几百个片晶组成的高分叉密度片晶网络，同时晶体中电流也明显增大；而当结晶 600 s 时，结晶形态演变为超高分叉密度的片晶网络，偏压电流也大幅增加。由图 7.16(g) 和 (h) 可知，最大电流 (I_{max}) 随分叉密度 (N) 的增加而迅速增大，并且两者之间存在标度关系 ($I_{max} \sim N^{2/3}$)。研究表明，低结晶温度和长结晶时间有利于片晶生长分叉，使得相邻的片晶之间相互连接形成 P3HT 片晶互连网络，同时沿平行于基板方向的电荷横向传输强烈依赖于片晶互连网络的致密程度[6]。

结晶时间

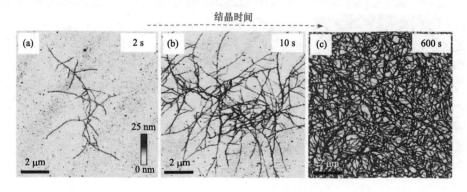

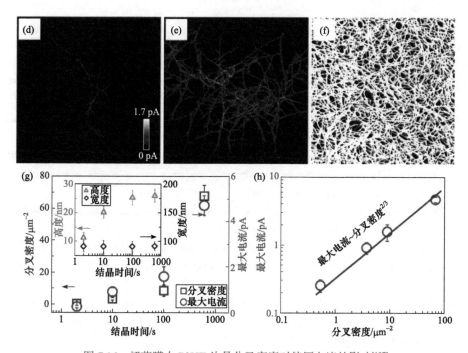

图 7.16　超薄膜中 P3HT 片晶分叉密度对偏压电流的影响[187]

(a)～(c)分别为 30 nm 厚 P3HT 薄膜在 185℃等温结晶 2 s、10 s 和 600 s 后形貌图；(d)～(f)分别为相应的偏压电流分布图；(g)分叉密度和最大电流与结晶时间的关系，(g)中插图为 P3HT 片晶高度和宽度与结晶时间的关系；(e)最大电流与分叉密度的关系

参 考 文 献

[1]　Wang D, Russell T P. Advances in atomic force microscopy for probing polymer structure and properties. Macromolecules, 2018, 51: 3-24.

[2]　Hobbs J K, Farrance O E, Kailas L. How atomic force microscopy has contributed to our understanding of polymer crystallization. Polymer, 2009, 50: 4281-4292.

[3]　Crist B, Schultz J M. Atomic force microscopy studies of polymer crystals: nucleation, growth, annealing, and melting// Palsule S. Encyclopedia of polymers and composites. Berlin: Springer, 2014: 1-25.

[4]　Liu Y X, Chen E Q. Polymer crystallization of ultrathin films on solid substrates. Coord Chem Rev, 2010, 254: 1011-1037.

[5]　屈小中, 史燚, 金熹高. 原子力显微镜在高分子领域的应用. 功能高分子学报, 1999, (2): 100-106.

[6]　张彬. 原子力显微镜研究高分子超薄膜结晶机理及功能化调控. 高分子学报, 2020, 51: 221-238.

[7]　王冰花, 陈金龙, 张彬. 原子力显微镜在高分子表征中的应用. 高分子学报, 2021, 1-15.

[8]　Hu W B. The physics of polymer chain-folding. Physics Reports, 2018, 747: 1-80.

[9]　Jiang X M, Reiter G, Hu W B. How chain-folding crystal growth determines the thermodynamic stability of polymer crystals. J Phys Chem B, 2016, 120: 566-571.

[10]　Majumder S, Busch H, Poudel P, et al. Growth kinetics of stacks of lamellar polymer crystals. Macromolecules,

2018, 51: 8738-8745.

[11]　李照磊, 周东山, 胡文兵. 高分子结晶和熔融行为的 Flash DSC 研究进展. 高分子学报, 2016, 1179-1197.

[12]　刘桑, 魏千适, 柴利国, 等. 片晶折叠表面成核机制与结晶温度的相关性研究. 高分子学报, 2013, 654-659.

[13]　Lei Y G, Chan C M, Li J X, et al. The birth of an embryo and development of the founding lamella of spherulites as observed by atomic force microscopy. Macromolecules, 2002, 35: 6751-6753.

[14]　Zhang B, Chen J J, Liu B C, et al. Morphological changes of isotactic polypropylene crystals grown in thin films. Macromolecules, 2017, 50: 6210-6217.

[15]　杨榕, 李红梅, 姜菁, 等. 聚氧化乙烯受限态下等温结晶动力学的高速扫描量热研究. 高分子学报, 2018, 96-103.

[16]　Hu W, Cai T, Ma Y, et al. Polymer crystallization under nano-confinement of droplets studied by molecular simulations. Faraday Discuss, 2009, 143: 129-141.

[17]　Müller A, Michell R, Pérez R, et al. Successive self-nucleation and annealing (SSA): correct design of thermal protocol and applications. Eur Polym J, 2015, 65: 132-154.

[18]　Cavallo D, Lorenzo A T, Müller A J. Probing the early stages of thermal fractionation by successive self-nucleation and annealing performed with fast scanning chip-calorimetry. J Polym Sci, Part B: Polym Phys, 2016, 54: 2200-2209.

[19]　Xu J J, Ma Y, Hu W B, et al. Cloning polymer single crystals through self-seeding. Nat Mater, 2009, 8: 348-353.

[20]　Cui K P, Ma Z, Tian N, et al. Multiscale and multistep ordering of flow-induced nucleation of polymers. Chem Rev, 2018, 118: 1840-1886.

[21]　Tang X L, Yang J S, Xu T Y, et al. Local structure order assisted two-step crystal nucleation in polyethylene. Phys Rev Mater, 2017, 1: 073401.

[22]　Zhang H H, Shao C G, Kong W L, et al. Memory effect on the crystallization behavior of poly (lactic acid) probed by infrared spectroscopy. Eur Polym J, 2017, 91: 376-385.

[23]　Li X Y, Liu Y P, Tian X Y, et al. Molecular mechanism leading to memory effect of mesomorphic isotactic polypropylene. J Polym Sci, Part B: Polym Phys, 2016, 54: 1573-1580.

[24]　Gao H H, Vadlamudi M, Alamo R G, et al. Monte Carlo simulations of strong memory effect of crystallization in random copolymers. Macromolecules, 2013, 46: 6498-6506.

[25]　Zhu X Y, Yan D Y, Yao H X, et al. In situ FTIR spectroscopic study of the regularity bands and partial-order melts of isotactic poly (propylene). Macromol Rapid Commun, 2000, 21: 354-357.

[26]　Chen E Q, Weng X, Zhang A, et al. Primary nucleation in polymer crystallization. Macromol Rapid Commun, 2001, 22: 611-615.

[27]　Hamad F G, Colby R H, Milner S T. Lifetime of flow-induced precursors in isotactic polypropylene. Macromolecules, 2015, 48: 7286-7299.

[28]　Li H H, Yan S K. Surface-induced polymer crystallization and the resultant structures and morphologies. Macromolecules, 2011, 44: 417-428.

[29]　Li H H, Jiang S D, Wang J J, et al. Optical microscopic study on the morphologies of isotactic polypropylene induced by its homogeneity fibers. Macromolecules, 2003, 36: 2802-2807.

[30]　Jiang X, Liu X, Liao Q, et al. Probing interfacial properties using a poly (ethylene oxide) single crystal. Soft Matter, 2014, 10: 3238-3244.

[31]　Zhang G L, Cao Y, Jin L X, et al. Crystal growth pattern changes in low molecular weight poly (ethylene oxide)

ultrathin films. Polymer, 2011, 52: 1133-1140.

[32] Zhang B, Chen J, Baier M C, et al. Molecular-weight-dependent changes in morphology of solution-grown polyethylene single crystals. Macromol Rapid Commun, 2015, 36: 181-189.

[33] Zhang G L, Jin L X, Zheng P, et al. Labyrinthine pattern of polymer crystals from supercooled ultrathin films. Polymer, 2010, 51: 554-562.

[34] 胡文兵. 高分子结晶学原理. 北京: 化学工业出版社, 2013.

[35] Cheng S Z D, Zhu L, Li C Y. 亚稳态的相尺寸对部分结晶聚合物结构与形态的影响. 高分子通报, 1999, (3): 28-33.

[36] Wang B H, Tang S H, Wang Y, et al. Systematic control of self-seeding crystallization patterns of poly (ethylene oxide) in thin films. Macromolecules, 2018, 51: 1626-1635.

[37] Huang Y H, Xia X C, Liu Z Y, et al. The formation of interfacial morphologies of iPP derived from transverse flow during multi-penetration in secondary melt flow. Mater Today Commun, 2017, 12: 43-54.

[38] Gao Y Y, Dong X, Wang L L, et al. Flow-induced crystallization of long chain aliphatic polyamides under a complex flow field: inverted anisotropic structure and formation mechanism. Polymer, 2015, 73: 91-101.

[39] Yang H R, Liu D, Ju J Z, et al. Chain deformation on the formation of shish nuclei under extension flow: an *in situ* SANS and SAXS study. Macromolecules, 2016, 49: 9080-9088.

[40] 杨皓然, 鞠见竹, 卢杰, 等. 剪切均匀性对流动诱导等规聚丙烯结晶的影响. 高分子学报, 2017, (9): 1462-1470.

[41] Yang H, Zhang R, Wang L, et al. Face-on and edge-on orientation transition and self-epitaxial crystallization of all-conjugated diblock copolymer. Macromolecules, 2015, 48: 7557-7566.

[42] Michell R M, Müller A J. Confined crystallization of polymeric materials. Prog Polym Sci, 2016, 54: 183-213.

[43] Zhang B, Chen J, Freyberg P, et al. High-temperature stability of dewetting-induced thin polyethylene filaments. Macromolecules, 2015, 48: 1518-1523.

[44] Chen J, Li L, Zhou D, et al. Effect of molecular chain architecture on dynamics of polymer thin films measured by the ac-chip calorimeter. Macromolecules, 2014, 47: 3497-3501.

[45] 李思佳, 张万喜, 姚卫国, 等. 受限高分子薄膜界面动力学与缠结的关系. 高等学校化学学报, 2015, 36: 1133-1139.

[46] 朱敦深, 寿兴贤, 刘一新, 等. 原子力显微镜针尖诱导聚氧乙烯熔体结晶的研究. 高分子学报, 2006, (4): 553-556.

[47] Diao Y, Zhou Y, Kurosawa T, et al. Flow-enhanced solution printing of all-polymer solar cells. Nat Commun, 2015, 6: 7955.

[48] Diao Y, Tee B C, Giri G, et al. Solution coating of large-area organic semiconductor thin films with aligned single-crystalline domains. Nat Mater, 2013, 12: 665-671.

[49] Jradi K, Bistac S, Schmitt M, et al. Enhancing nucleation and controlling crystal orientation by rubbing/scratching the surface of a thin polymer film. Eur Phys J E, 2009, 29: 383-389.

[50] Kikkawa Y, Abe H, Fujita M, Iwata T, et al. Crystal growth in poly (L-lactide) thin film revealed by *in situ* atomic force microscopy. Macromol Chem Phys, 2003, 204: 1822-1831.

[51] Fujita M, Takikawa Y, Sakuma H, et al. Real-time observations of oriented crystallization of poly (ε-caprolactone) thin film, induced by an AFM tip. Macromol Chem Phys, 2007, 208: 1862-1870.

[52] Ren Z J, Zhang X, Li H H, et al. A facile way to fabricate anisotropic P3HT films by combining epitaxy and electrochemical deposition. Chem Commun, 2016, 52: 10972-10975.

[53] Liu Q, Sun X L, Li H H, et al. Orientation-induced crystallization of isotactic polypropylene. Polymer, 2013, 54: 4404-4421.

[54] Nie Y J, Zhao Y F, Matsuba G, et al. Shish-kebab crystallites initiated by shear fracture in bulk polymers. Macromolecules, 2018, 51: 480-487.

[55] Hu W B, Frenkel D, Mathot V. Simulation of shish-kebab crystallite induced by a single prealigned macromolecule. Macromolecules, 2002, 35: 7172-7174.

[56] Weathers A, Khan Z U, Brooke R,et al. Significant electronic thermal transport in the conducting polymer poly(3,4-ethylenedioxythiophene). Adv Mater, 2015, 27: 2101-2106.

[57] Zhang T, Wu X F, Luo T F. Polymer nanofibers with outstanding thermal conductivity and thermal stability: fundamental linkage between molecular characteristics and macroscopic thermal properties. J Phys Chem C, 2014, 118: 21148-21159.

[58] Wang Z, Carter J A, Lagutchev A, et al. Ultrafast flash thermal conductance of molecular chains. Science, 2007, 317: 787-790.

[59] Shen S, Henry A, Tong J, et al. Polyethylene nanofibres with very high thermal conductivities. Nat Nanotechnol, 2010, 5: 251-255.

[60] Singh V, Bougher T L, Weathers A, et al. High thermal conductivity of chain-oriented amorphous polythiophene. Nat Nanotechnol, 2014, 9: 384-390.

[61] Henry A, Chen G. High thermal conductivity of single polyethylene chains using molecular dynamics simulations. Phys Rev Lett, 2008, 101: 235502.

[62] Wang H, Keum J K, Hiltner A, et al. Confined crystallization of polyethylene oxide in nanolayer assemblies. Science, 2009, 323: 757-760.

[63] Wang H, Keum J K, Hiltner A, et al. Confined crystallization of PEO in nanolayered films impacting structure and oxygen permeability. Macromolecules, 2009, 42: 7055-7066.

[64] Chandran S, Reiter G. Transient cooperative processes in dewetting polymer melts. Phys Rev Lett, 2016, 116: 088301.

[65] Brochardwyart F, Debregeas G, R. Fondecave A, et al. Dewetting of supported viscoelastic polymer films: birth of rims. Macromolecules, 1997, 30: 1211-1213.

[66] Xue L J, Han Y C. Inhibition of dewetting of thin polymer films. Prog Mater Sci, 2012, 57: 947-979.

[67] Wu L, Dong Z C, Kuang M X, et al. Printing patterned fine 3D structures by manipulating the three phase contact line. Adv Funct Mater, 2015, 25: 2237-2242.

[68] 彭娟, 崔亮, 罗春霞, 等. 高分子表面有序微结构的构筑与调控. 科学通报, 2009, 54: 679-695.

[69] Kan X N, Xiao C Y, Li X M, et al. A dewetting-induced assembly strategy for precisely patterning organic single crystals in OFETs. ACS Appl Mater Inter, 2016, 8: 18978-18984.

[70] 孙加振, 鲍斌, 王思, 等. 功能喷墨墨水的图案化与应用. 高分子通报, 2015, (9): 44-60.

[71] Reiter G. Dewetting of thin polymer films. Phys Rev Lett, 1992, 68: 75.

[72] Zhang H H, Xu L, Lai Y Q, et al. Influence of film structure on the dewetting kinetics of thin polymer films in the solvent annealing process. Phys Chem Che Phys, 2016, 18: 16310-16316.

[73] Braun H G, Meyer E. Structure formation of ultrathin PEO films at solid interfaces-complex pattern formation by dewetting and crystallization. Int J Mol Sci, 2013, 14: 3254-3264.

[74] 李思佳, 张万喜, 蒋放, 等. 高分子薄膜去润湿孔增长动力学. 高分子学报, 2014, (9): 1174-1182.

[75] Massa M V, Carvalho J L, Dalnoki Veress K. Confinement effects in polymer crystal nucleation from the bulk to few-chain systems. Phys Rev Lett, 2006, 97: 247802.

[76] 任伊锦, 马禹, 章晓红, 等. 薄膜高分子晶体形态及其生长机理研究进展. 高分子通报, 2010, (11): 28-37.

[77] 王曦, 刘朋生, 姜勇, 等. 原子力显微镜原位观察球晶界面上片晶的生长. 高分子学报, 2003, (5): 761-764.

[78] Hobbs J K, Humphris A D L, Miles M J. *In-situ* atomic force microscopy of polyethylene crystallization. 1. Crystallization from an oriented backbone. Macromolecules, 2001, 34: 5508-5519.

[79] Xin R, Guo Z X, Li Y P, et al. Morphological evidence for the two-step II - I phase transition of isotactic polybutene-1. Macromolecules, 2019, 52: 7175-7182.

[80] Xin R, Wang S J, Guo Z X, et al. Real-space *in situ* study of the II - I phase transition of isotactic poly (1-butene). Macromolecules, 2020, 53: 3090-3096.

[81] Luo S C, Kui X, Xing E R, et al. Interplay between free surface and solid interface nucleation on two-step crystallization of poly (ethylene terephthalate) thin films studied by fast scanning calorimetry. Macromolecules, 2018, 51: 5209-5218.

[82] Zhu D S, Liu Y X, Chen E Q, et al. Crystal growth mechanism changes in pseudo-dewetted poly (ethylene oxide) thin layers. Macromolecules, 2007, 40: 1570-1578.

[83] Lippits D R, Rastogi S, Hohne G W H. Melting kinetics in polymers. Phys Rev Lett, 2006, 96: 218303.

[84] 何曼君. 高分子物理. 上海: 复旦大学出版社, 2007.

[85] Kovacs A J, Gonthier A, Straupe C. Isothermal growth, thickening, and melting of poly (ethylene oxide) single crystals in the bulk. J Polym Sci Polym Symp, 1975, (50): 283-325.

[86] Kovacs A J, Straupe C. Isothermal growth, thickening and melting of poly (ethylene oxide) single crystals in the bulk. Part 4.—Dependence of pathological crystal habits on temperature and thermal history. Faraday Discuss Chem Soc, 1979, 68: 225-238.

[87] Kovacs A J, Straupe C, Gonthier A. Isothermal growth, thickening, and melting of poly (ethylene oxide) single crystals in the bulk. II. J Polym Sci, 1977, 59: 31-54.

[88] 任伊锦. 高分子薄膜晶体生长和熔融的分子模拟. 南京: 南京大学, 2009.

[89] Toda A, Hikosaka M, Yamada K. Superheating of the melting kinetics in polymer crystals: a possible nucleation mechanism. Polymer, 2002, 43: 1667-1679.

[90] Toda A, Kojima I, Hikosaka M. Melting kinetics of polymer crystals with an entropic barrier. Macromolecules, 2008, 41: 120-127.

[91] Frank C W, Rao V, Despotopoulou M M, et al. Structure in thin and ultrathin spin-cast polymer films. Science, 273: 912-915.

[92] Zhang F J, Baralia G G, Nysten B, et al. Melting and van der Waals stabilization of PE single crystals grown from ultrathin films. Macromolecules, 2011, 44: 7752-7757.

[93] Nakamura J, Kawaguchi A. *In situ* observations of annealing behavior of polyethylene single crystals on various substrates by AFM. Macromolecules, 2004, 37: 3725-3734.

[94] Winkel A K, Hobbs J K, Miles M J. Annealing and melting of long-chain alkane single crystals observed by atomic

force microscopy. Polymer, 2000, 41: 8791-8800.

[95] Chai L G, Liu X, Sun X L, et al. *In situ* observation of the melting behaviour of PEO single crystals on a PVPh substrate by AFM. Polym Chem, 2016, 7: 1892-1898.

[96] Sanz N, Hobbs J K, Miles M J. *In situ* annealing and thickening of single crystals of $C_{294}H_{590}$ observed by atomic force microscopy. Langmuir, 2004, 20: 5989-5997.

[97] Zhu D S, Liu Y X, Shi A C, et al. Morphology evolution in superheated crystal monolayer of low molecular weight poly (ethylene oxide) on mica surface. Polymer, 2006, 47: 5239-5242.

[98] Chen E Q, Jing A J, Weng X, et al. *In situ* observation of low molecular weight poly (ethylene oxide) crystal melting, recrystallization. Polymer, 2003, 44: 6051-6058.

[99] Huang Y, Liu X B, Zhang H L, et al. AFM study of crystallization and melting of a poly (ethylene oxide) diblock copolymer containing a tablet-like block of poly{2,5-bis[(4-methoxyphenyl) oxycarbonyl]styrene} in ultrathin films. Polymer, 2006, 47: 1217-1225.

[100] Blundell D, Keller A. Nature of self-seeding polyethylene crystal nuclei. J Polym Sci, Part B: Polym Phys, 1968, 2: 301-336.

[101] Strobl G. Crystallization and melting of bulk polymers: new observations, conclusions and a thermodynamic scheme. Prog Polym Sci, 2006, 31: 398-442.

[102] Hiejima Y, Takeda K, Nitta K. Investigation of the molecular mechanisms of melting and crystallization of isotactic polypropylene by *in situ* Raman spectroscopy. Macromolecules, 2017, 50: 5867-5876.

[103] Roe R J, Gieniewski C, Vadimsky R G. Lamellar thickening in polyethylene single crystals annealed under low and high pressure. J Polym Sci Polym Phys Ed, 1973, 11: 1653-1670.

[104] Loos J, Tian M. Annealing behavior of solution grown polyethylene single crystals. Polymer, 2006, 47: 5574-5581.

[105] Lee S W, Chen E Q, Zhang A Q, et al. Isothermal thickening and thinning processes in low molecular weight poly (ethylene oxide) fractions crystallized from the melt. 5. Effect of chain defects. Macromolecules, 1996, 29: 8816-8823.

[106] Chen E Q, Lee S W, Zhang A, et al. Isothermal thickening and thinning processes in low molecular weight poly (ethylene oxide) fractions crystallized from the melt: 6. Configurational defects in molecules. Polymer, 1999, 40: 4543-4551.

[107] Zardalidis G, Mars J, Allgaier J, et al. Influence of chain topology on polymer crystallization: poly (ethylene oxide) (PEO) rings *vs.* linear chains. Soft Matter, 2016, 12: 8124-8134.

[108] Zhai X M, Zhang G L, Ma Z P, et al. Thickening processes of lamellar crystal monolayers of a low-molecular-weight PEO fraction on a solid surface. Macromol Chem Phys, 2007, 208: 651-657.

[109] Tang X F, Wen X J, Zhai X M, et al. Thickening process and kinetics of lamellar crystals of a low molecular weight poly (ethylene oxide) . Macromolecules, 2007, 40: 4386-4388.

[110] Bates F S, Fredrickson G H. Block copolymers-designer soft materials. Phys Today, 1999, 52: 32-38.

[111] Darling S B. Directing the self-assembly of block copolymers. Prog Polym Sci, 2007, 32: 1152-1204.

[112] Goodman I. Heterochain block copolymers. Compr Poly Sci, 1989, 6: 369-401.

[113] Fairclough J P A, Mai S M, Matsen M W, et al. Crystallization in block copolymer melts: small soft structures that template larger hard structures. J Chem Phys, 2001, 114: 5425-5431.

[114] Darko C, Botiz I, Reiter G, et al. Crystallization in diblock copolymer thin films at different degrees of

supercooling. Phys Rev E, 2009, 79: 041802.

[115] Alharbe L G, Register R A, Hobbs J K. Orientation control and crystallization in a soft confined phase separated block copolymer. Macromolecules, 2017, 50: 987-996.

[116] Hobbs J K, Register R A. Imaging block copolymer crystallization in real time with the atomic force microscope. Macromolecules, 2006, 39: 703-710.

[117] Reiter G, Castelein G, Sommer J U, et al. Direct visualization of random crystallization and melting in arrays of nanometer-size polymer crystals. Phys Rev Lett, 2001, 87: 226101.

[118] Vasilev C, Reiter G, Pispas S, et al. Crystallization of block copolymers in restricted cylindrical geometries. Polymer, 2006, 47: 330-340.

[119] Reiter G, Vidal L. Crystal growth rates of diblock copolymers in thin films: influence of film thickness. Eur Phys J E, 2003, 12: 497-505.

[120] Papadakis C M, Darko C, Di Z, et al. Surface-induced breakout crystallization in cylinder-forming P(I-b-EO) diblock copolymer thin films. Eur Phys J E, 2011, 34: 7.

[121] Ramanathan M, Darling S B. Thickness dependent hierarchical meso/nano scale morphologies of a metal-containing block copolymer thin film induced by hybrid annealing and their pattern transfer abilities. Soft Matter, 2009, 5: 4665-4671.

[122] Dazzi A, Prater C B. AFM-IR: technology and applications in nanoscale infrared spectroscopy and chemical imaging. Chem Rev, 2017, 117: 5146-5173.

[123] Gong L, Chase D B, Noda I, et al. Polymorphic distribution in individual electrospun poly[(R)-3-hydroxybutyrate-co-(R)-3-hydroxyhexanoate] (PHBHx) nanofibers. Macromolecules, 2017, 50: 5510-5517.

[124] Verma P. Tip-enhanced Raman spectroscopy: technique and recent advances. Chem Rev, 2017, 117: 6447-6466.

[125] Kurouski D, Dazzi A, Zenobi R, et al. Infrared and Raman chemical imaging and spectroscopy at the nanoscale. Chem Soc Rev, 2020, 49: 3315-3347.

[126] Eby T, Gundusharma U, Lo M, et al. Reverse engineering of polymeric multilayers using AFM-based nanoscale IR spectroscopy and thermal analysis. Spectrosc Eur, 2012, 24: 18-21.

[127] Kelchtermans M, Lo M, Dillon E, et al. Characterization of a polyethylene-polyamide multilayer film using nanoscale infrared spectroscopy and imaging. Vib Spectrosc, 2016, 82: 10-15.

[128] Gong L, Chase D B, Noda I, et al. Discovery of β-form crystal structure in electrospun poly[(R)-3-hydroxybutyrate-co-(R)-3-hydroxyhexanoate] (PHBHx) nanofibers: from fiber mats to single fibers. Macromolecules, 2015, 48: 6197-6205.

[129] Shao F, Müller V, Zhang Y, et al. Nanoscale chemical imaging of interfacial monolayers by tip-enhanced Raman spectroscopy. Angew Chem Int Ed, 2017, 56: 9361-9366.

[130] Bhardwaj B S, Sugiyama T, Namba N, et al. Raman spectroscopic studies of dinaphthothienothiophene (DNTT). Materials, 2019, 12: 615.

[131] Dazzi A, Prater C B, Hu Q, et al. AFM-IR: combining atomic force microscopy and infrared spectroscopy for nanoscale chemical characterization. Appl Spectrosc, 2012, 66: 1365-1384.

[132] Tri P N, Prud'homme R E. Nanoscale lamellar assembly and segregation mechanism of poly(3-hydroxybutyrate)/poly(ethylene glycol) blends. Macromolecules, 2018, 51: 181-188.

[133] Ghosh S, Ramos L, Remita S, et al. Conducting polymer nanofibers with controlled diameters synthesized in

hexagonal mesophases. New J Chem, 2015, 39: 8311-8320.

[134] Wang W, Shao F, Kröger M, et al. Structure elucidation of 2D polymer monolayers based on crystallization estimates derived from tip-enhanced Raman spectroscopy（TERS）polymerization conversion data. J Am Chem Soc, 2019, 141: 9867-9871.

[135] Marcott C, Lo M, Kjoller K, et al. Spatial differentiation of sub-micrometer domains in a poly（hydroxyalkanoate）copolymer using instrumentation that combines atomic force microscopy（AFM）and infrared（IR）spectroscopy. Appl Spectrosc, 2011, 65: 1145-1150.

[136] Müller V, Shao F, Baljozovic M, et al. Structural characterization of a covalent monolayer sheet obtained by two-dimensional polymerization at an air/water interface. Angew Chem Int Ed, 2017, 56: 15262-15266.

[137] Granasy L, Pusztai T, Borzsonyi T, et al. A general mechanism of polycrystalline growth. Nat Mater, 2004, 3: 645-650.

[138] Voigt M, Dorsfeld S, Volz A, et al. Nucleation and growth of molecular organic crystals in a liquid film under vapor deposition. Phys Rev Lett, 2003, 91: 026103.

[139] Meakin P. Fractals, Scaling and Growth Far from Equilibrium. New York: Cambridge University Press, 1998.

[140] Langer J S. Instabilities and pattern formation in crystal growth. Rev Mod Phys, 1980, 52（1）: 1-28.

[141] Taguchi K, Miyaji H, Izumi K, et al. Growth shape of isotactic polystyrene crystals in thin films. Polymer, 2001, 42: 7443-7447.

[142] Meyer E. Braun H, Control of morphological features in micropatterned ultrathin films // Herlach D M. Solidification and Crystallization. Weinheim: Wiley-VCH , 2003: 300-308.

[143] Schönherr H, Frank C W. Ultrathin films of poly（ethylene oxides）on oxidized silicon. 2. *In situ* study of crystallization and melting by hot stage AFM. Macromolecules, 2003, 36: 1199-1208.

[144] Grozev N, Botiz I, Reiter G. Morphological instabilities of polymer crystals. Eur Phys J E, 2008, 27: 63-71.

[145] Reiter G, Botiz I, Graveleau L, et al. Morphologies of polymer crystals in thin films// Reiter G, Strobl G R. Progress in understanding of polymer crystallization. Berlin/Heidelberg: Springer, 2007.

[146] Li L, Chan C M, Yeung K L, et al. Direct observation of growth of lamellae and spherulites of a semicrystalline polymer by AFM. Macromolecules, 2001, 34: 316-325.

[147] Li C Y, Cheng S Z D, Ge J J, et al. Double twist in helical polymer soft crystals. Phys Rev Lett, 1999, 83: 4558-4561.

[148] Jeon K, Krishnamoorti R. Morphological behavior of thin linear low-density polyethylene films. Macromolecules, 2008, 41: 7131-7140.

[149] Kajioka H, Taguchi K, Toda A. Cellular crystallization in thin melt film of it-poly（butene-1）: an implication to spherulitic growth from bulk melt. Macromolecules, 2011, 44: 9239-9246.

[150] Zhang G L, Zhai X M, Ma Z P, et al. Morphology diagram of single-layer crystal patterns in supercooled poly（ethylene oxide）ultrathin films: understanding macromolecular effect of crystal pattern formation and selection. ACS Macro Letters, 2012, 1: 217-221.

[151] Jin L X, Zhang G L, Zhai X M, et al. Macromolecular effect on crystal pattern formation in ultra-thin films: molecular segregation in a binary blend of PEO fractions. Polymer, 2009, 50: 6157-6165.

[152] 王柯, 朱燕灵, 傅强. 聚丙烯的结晶形态调控与高性能化. 高分子学报, 2017,（7）: 1073-1081.

[153] Franke M, Rehse N. Three-dimensional structure formation of polypropylene revealed by *in situ* scanning force

microscopy and nanotomography. Macromolecules, 2008, 41: 163-166.

[154] Kikkawa Y, Abe H, Iwata T, et al. *In situ* observation of crystal growth for poly[(*S*)-lactide] by temperature-controlled atomic force microscopy. Biomacromolecules, 2001, 2: 940-945.

[155] Chan C M, Li L. Direct observation of the growth of lamellae and spherulites by AFM// Kausch H H. Intrinsic Molecular Mobility and Toughness of Polymers Ⅱ. Berlin/Heidelberg: Springer, 2005: 1-41.

[156] Yang J P, Liao Q, Zhou J J, et al. What determines the lamellar orientation on substrates? Macromolecules, 2011, 44: 3511-3516.

[157] Wang Y, Chan C M, Ng K M, et al. Real-time observation of lamellar branching induced by an AFM tip and the stability of induced nuclei. Langmuir, 2004, 20: 8220-8223.

[158] Wang Y, Chan C M, Ng K M, et al. What controls the lamellar orientation at the surface of polymer films during crystallization? Macromolecules, 2008, 41: 2548-2553.

[159] Zhang B, Wang B H, Chen J J, et al. Flow-induced dendritic β-form isotactic polypropylene crystals in thin films. Macromolecules, 2016, 49: 5145-5151.

[160] Li L, Hu J, Li Y P, et al. Evidence for the soft and hard epitaxies of poly (L-lactic acid) on an oriented polyethylene substrate and their dependence on the crystallization temperature. Macromolecules, 2020, 53: 1745-1751.

[161] Guo Z X, Xin R, Hu J, et al. Direct high-temperature form Ⅰ crystallization of isotactic poly (L-butene) assisted by oriented isotactic polypropylene. Macromolecules, 2019, 52: 9657-9664.

[162] Li L, Xin R, Li H, et al. Tacticity-dependent epitaxial crystallization of poly (L-lactic acid) on an oriented polyethylene substrate. Macromolecules, 2020, 53: 8487-8493.

[163] Li Y P, Guo Z X, Xue M L, et al. Epitaxial recrystallization of iPBu in form II on an oriented iPS film initially induced by oriented form Ⅰ iPBu. Macromolecules, 2019, 52: 4232-4239.

[164] Sun Y J, Li H H, Huang Y, et al. Epitaxial crystallization of poly (butylene adipate) on highly oriented isotactic polypropylene thin film. Polymer, 2006, 47: 2455-2459.

[165] Huan G, Zhang F J, Huang H Y, et al. Studies on the crystallization orientation in micromolded PCL-*b*-PLLA thin films. Acta Polym Sin, 2019, 50: 82-90.

[166] Maillard D, Prud'Homme R E. Crystallization of ultrathin films of polylactides: from chain chirality to lamella curvature and twisting. Macromolecules, 2008, 41: 1705-1712.

[167] Savage R C, Mullin N, Hobbs J K. Molecular conformation at the crystal-amorphous interface in polyethylene. Macromolecules, 2015, 48: 6160-6165.

[168] Mullin N, Hobbs J K. Direct imaging of polyethylene films at single-chain resolution with torsional tapping atomic force microscopy. Phys Rev Lett, 2011, 107: 197801.

[169] Kocun M, Labuda A, Meinhold W, et al. Fast, high resolution, and wide modulus range nanomechanical mapping with bimodal tapping mode. ACS Nano, 2017, 11: 10097-10105.

[170] Kumaki J, Kawauchi T, Yashima E. Two-dimensional folded chain crystals of a synthetic polymer in a Langmuir-Blodgett film. J Am Chem Soc, 2005, 127: 5788-5789.

[171] Stocker W, Schumacher M, Graff S, et al. Direct observation of right and left helical hands of syndiotactic polypropylene by atomic force microscopy. Macromolecules, 1994, 27: 6948-6955.

[172] Kajitani T, Okoshi K, Sakurai S I, et al. Helix-sense controlled polymerization of a single phenyl isocyanide enantiomer leading to diastereomeric helical polyisocyanides with opposite helix-sense and cholesteric liquid

crystals with opposite twist-sense. J Am Chem Soc, 2006, 128: 708-709.

[173] Kumaki J, Sakurai S I, Yashima E. Visualization of synthetic helical polymers by high-resolution atomic force microscopy. Chem Soc Rev, 2009, 38: 737-746.

[174] Kim Y, Cook S, Tuladhar S M, et al. A strong regioregularity effect in self-organizing conjugated polymer films and high-efficiency polythiophene: fullerene solar cells. Nat Mater, 2006, 5: 197-203.

[175] Xiao S Q, Zhang Q Q, You W. Molecular engineering of conjugated polymers for solar cells: an updated report. Adv Mater, 2017, 29: 1601391.

[176] Li G, Chang W H, Yang Y. Low-bandgap conjugated polymers enabling solution-processable tandem solar cells. Nat Rev Mater, 2017, 2: 17043.

[177] Liu Y, Cole M D, Jiang Y, et al. Chemical and morphological control of interfacial self-doping for efficient organic electronics. Adv Mater, 2018, 30: 1705976.

[178] Homyak P D, Liu Y, Harris J D, et al. Systematic fluorination of P3HT: synthesis of P(3HT-*co*-3H4FT)s by direct arylation polymerization, characterization, and device performance in OPVs. Macromolecules, 2016, 49: 3028-3037.

[179] 张睿, 刘剑刚, 韩艳春. 全共轭聚合物共混体系相分离结构与光伏性质. 高分子通报, 2019, (2): 112-125.

[180] Tremel K, Ludwigs S. Morphology of P3HT in Thin Films in Relation to Optical and Electrical Properties. Berlin: Springer, 2014.

[181] Kwon S, Yu K, Kweon K, et al. Template-mediated nano-crystallite networks in semiconducting polymers. Nat Commun, 2014, 5: 4183.

[182] Noriega R, Rivnay J, Vandewal K, et al. A general relationship between disorder, aggregation and charge transport in conjugated polymers. Nat Mater, 2013, 12: 1038-1044.

[183] Aiyar A R, Hong J I, Reichmanis E. Regioregularity and intrachain ordering: Impact on the nanostructure and charge transport in two-dimensional assemblies of poly(3-hexylthiophene). Chem Mater, 2012, 24: 2845-2853.

[184] Bolsée J C, Oosterbaan W D, Lutsen L, et al. The importance of bridging points for charge transport in webs of conjugated polymer nanofibers. Adv Funct Mater, 2013, 23: 862-869.

[185] Musumeci C, Liscio A, Palermo V, et al. Electronic characterization of supramolecular materials at the nanoscale by conductive atomic force and Kelvin probe force microscopies. Mater Today, 2014, 17: 504-517.

[186] 董焕丽, 燕青青, 胡文平. 共轭高分子光电功能材料的多尺度性能研究——聚合物电子学领域中的新机遇. 高分子学报, 2017, (8): 1246-1260.

[187] Wang B H, Chen J B, Shen C Y, et al. Relation between charge transport and the number of interconnected lamellar poly(3-hexylthiophene) crystals. Macromolecules, 2019, 52: 6088-6096.

[188] Choi D, Jin S, Lee Y, et al. Direct observation of interfacial morphology in poly(3-hexylthiophene) transistors: relationship between grain boundary and field-effect mobility. ACS Appl Mater Inter, 2010, 2: 48-53.

[189] Strobl G. Colloquium: laws controlling crystallization and melting in bulk polymers. Rev Mod Phys, 2009, 81: 1287.

[190] Crossland E J W, Rahimi K, Reiter G, et al. Systematic control of nucleation density in poly(3-hexylthiophene) thin films. Adv Funct Mater, 2011, 21: 518-524.

[191] Kim H S, Na J Y, Kim S, et al. Effect of the cooling rate on the thermal properties of a polythiophene thin film. J Phys Chem C, 2015, 119: 8388-8393.

[192] Rahimi K, Botiz I, Stingelin N, et al. Controllable processes for generating large single crystals of poly (3-hexylthiophene). Angew Chem Int Ed, 2012, 51: 11131-11135.

[193] Guo Y, Han Y Y, Su Z H. Ordering of poly (3-hexylthiophene) in solution and on substrates induced by concentrated sulfuric acid. J Phys Chem B, 2013, 117: 14842-14848.

第8章

AFM 在聚合物太阳能电池研究中的应用

聚合物太阳能电池(polymer solar cell，PSC)因其低成本、易加工、可制备柔性器件等特点在近年受到了学术界和工业界的极大关注[1-3]。得益于新型高性能有机光伏材料的不断发展和器件加工工艺的不断优化，目前，单节 PSC 的光电转换效率(photovoltaic conversion efficiency，PCE)已经突破了 18%[4,5]。PSC 的活性层(active layer)通常包含电子给体(donor)和受体(acceptor)两种材料。给/受体通过溶液共混形成互穿网络状的本体异质结(bulk heterojunction，BHJ)吸光活性层。在光照条件下，活性层中的给体和受体材料吸收光子后发生跃迁并产生激子，然后激子扩散至给/受体界面处并解离产生自由电子和空穴，之后电子和空穴分别沿着各自的传输通道到达相应的电极，从而产生光电流和光电压(图 8.1)。由于载流子的产生、解离及传输均与本体异质结的微观形貌紧密相关，而形成这种形貌的动力

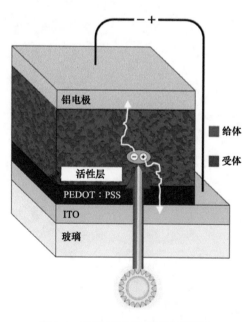

图 8.1　典型 PSC 器件结构示意图

学及热力学过程非常复杂，且与给/受体材料的化学结构、组成、加工溶剂、添加剂及器件退火温度、时间等诸多因素相关联，从而导致薄膜局部的微观结构具有异质性。因此，利用高分辨的表征技术研究薄膜活性层的微观结构，以及这些结构特征与 PSC 性能间的关系对理解 PSC 工作机制并进一步提升器件性能至关重要[6-9]。这其中原子力显微镜（AFM）及其各种衍生模式，包括原子力显微镜-红外光谱（AFM-IR）、静电力显微镜（EFM）、导电 AFM（c-AFM）、光导 AFM（pc-AFM）及开尔文探针力显微镜（KPFM）等在活性层的形貌与局域电学特性（光电流、载流子迁移率及缺陷浓度等）的表征方面具有不可替代的作用[10-14]。

8.1　薄膜活性层形貌　

　　AFM、透射电镜（TEM）及 X 射线衍射（XRD）是表征 PSC 薄膜活性层形貌的三种最常用的工具。PSC 的活性层通常由电子给体与受体通过溶液共混形成。由于这两种材料通常为有机物质，电子云密度相似，因此 TEM、XRD，乃至常用的 AFM 在进行组分识别及形貌表征方面时常面临很大的困难[9,15,16]。而近年在 AFM 基础上发展出的 AFM-红外光谱（AFM-IR）由于具有高分辨化学成像能力，因此其在表征活性层的组分分布及相分离尺度方面显示出越来越重要的作用[17-20]。

　　图 8.2 为由聚合物给体 PBDB-T 与受体 PZ1 所形成的高效 PSC 活性层的 AFM-IR 形貌图[20]。结果表明，未退火时，活性层中给体与受体混合均匀；而经加工工艺优化后，给体与受体界面变清晰，形成微区尺寸约为 20 nm 的相分离结构。因此，利用给体与受体材料对红外吸收的不同，AFM-IR 解决了 PSC 活性层中组分

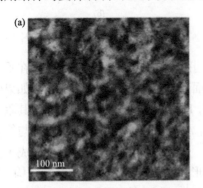

图 8.2　直接旋涂制备（a）和经加工工艺优化后（b）PBDB-T∶PZ1 活性层在波数 1649 cm⁻¹（PBDB-T 的特征红外吸收峰，对应图中绿色区域）与在波数 1700 cm⁻¹（PZ1 的特征红外吸收峰，对应图中红色区域）处分别扫描所得红外吸收分布图的比值图[20]

识别及相分离形貌的表征难题，并进一步明晰了各种加工后处理工艺对 BHJ 薄膜活性层相分离形貌的影响[17-20]。

TEM 与 X 射线衍射技术表征的是样品的本体结构，所提供的结构信息是统计平均的结果。然而，利用溶液共混制备器件的活性层时，由于给体与受体材料的表面能通常不同，所制备的薄膜往往会形成梯度结构，即在垂直方向上薄膜的结构并不均一，这一特点对于 PSC 来说尤其明显。AFM 可对样品表面成像，因此可提供活性层表面丰富的微观结构信息。图 8.3 为 PTB7：PC$_{71}$BM 薄膜活性层表面高分辨 AFM 相图和 PTB7 片晶厚度结果[15]。结果表明，由于二者的表面能不同，PTB7 在薄膜表面发生富集，并形成大量厚度约为 2 nm、平躺（face on）取向的片晶。PTB7 为电子给体，而由 PTB7：PC$_{71}$BM 构建的 PSC 通常为正置结构，即具有较低功函数的铝（Al）电极作为阴极。由于电子给体材料在阴极界面的富集不利于电荷传输和提高填充因子，因此，高分辨 AFM 结果揭示了对于由 PTB7：PC$_{71}$BM 组成的活性层，构建倒置结构的 PSC 更有利于提高其光电转换效率。

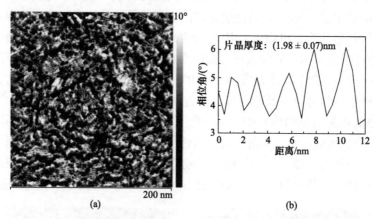

图 8.3   PTB7：PC$_{71}$BM 薄膜活性层表面高分辨 AFM 相图（a）和 PTB7 片晶厚度结果（b）[15]

如上所述，给/受体材料表面能的不同往往导致制备的薄膜活性层在垂直方向上结构不均一。AFM 虽然是对样品的表面形貌进行扫描成像，然而，如果将该技术与切片或刻蚀方法相结合，则可实现对 PSC 本体结构的表征，揭示其垂直方向上的形貌特征。利用这一策略，将高分辨 AFM 及 AFM 纳米力学图谱与等离子体蚀刻相结合以研究 PTB7：PC$_{71}$BM 体系。结果显示，在活性层内部形成了由受体 PC$_{71}$BM 形成的网络与聚合物给体 PTB7 形成的微纤网络互相贯穿的结构，并均匀嵌于由 PTB7：PC$_{71}$BM 混合物形成的基体中；而在活性层底部则形成了由 PTB7：PC$_{71}$BM 混合物为基体，细长 PC$_{71}$BM 聚集微区均匀分散于其中的微观结构。基于上述表面、本体及底层的 AFM 结果，该研究构建了 PTB7：PC$_{71}$BM 活性层的 3D 微观结构[15]。紧接上述工作，Nuckolls 等[16]相继揭示了一系列高效 PSC 薄膜活性层 BHJ 的 3D 形貌。图 8.4 为利用 AFM 所得 PTB7-Th：hPDI3 共混物薄膜的形貌。其中 AFM 相图[图 8.4(b)]清晰地显示了该活性层存在一个特征尺寸在 20～40 nm 范围内的连续互穿网络结构。显然这一相分离尺度有利于激子的解离和电荷传输。AFM 纳米力学图谱结果显示，图 8.4(c)中暗区模量约为 2.2 GPa，与纯 hPDI3 薄膜的 DMT 模量相当，表明该区域为纯 hPDI3 组分。而孤立嵌入在连续网络中的区域具有较小的模量（约 1.5 GPa），更接近于纯 PTB7-Th 薄膜的模量。这些结果表明基于 PTB7-Th：hPDI3 的共混薄膜是由富含 hPDI3 的区域与富含 PTB7-Th 的区域所形成的互穿网络结构组成的。

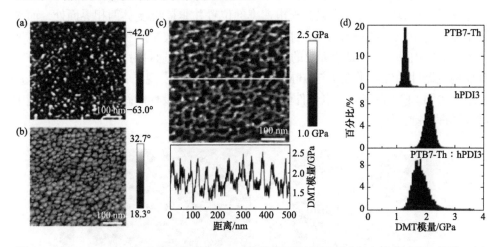

图 8.4　PTB7-Th：hPDI3 共混物薄膜的 AFM 结果：活性层表面(a)与本体(b) AFM 相图；(c)用蚀刻方法将活性层表面去除后所得 AFM 杨氏模量分布图；(d)纯 PTB7-Th、hPDI3 及 PTB7-Th：hPDI3 共混物薄膜的 AFM 杨氏模量[16]

8.2　电学特性

电镜及基于 X 射线的相关技术通常只能提供 PSC 活性层的微观结构信息。而对 PSC 电流密度(J)与电压(V)间关系的测试只能给出器件的宏观光电性能。若能实现对 PSC 的微观结构（如相区尺寸、组分分布等）与其电学特性（光电流、载流子迁移率和缺陷浓度等）的同步表征，在二者之间建立直接的联系，则对于理解给/受体化学结构、组成及加工工艺等因素对器件性能的影响，并进一步建立构效关系有至关重要的作用。EFM、c-AFM、pc-AFM 及 KPFM 等 AFM 衍生模式在这一研究领域起到了不可替代的支撑作用。

如第 2 章中对 EFM 原理的介绍(2.4.2)，EFM 相位的变化与作用到微悬臂上的样品-针尖之间的静电力梯度成正比。因此，相位变化大的区域针尖所受到的静电力梯度大，显示在 EFM 相图上就是此处相对于其他地方的衬度更亮；相反，相位变化小的区域，反映在 EFM 相图上就是此处相对于其他地方的衬度要暗[21-24]。由于 EFM 可用于有效分析光电器件中的电荷注入、传输和捕获，因此利用该技术研究 PSC 的微观结构和局域电学特性对于理解其光电转换机制具有重要意义[24]。图 8.5 为利用时间分辨 EFM 研究 F8BT：PFB 器件中光生载流子的产生和电荷充电速率的结果，其中图 8.5(b) 为光生载流子的充电速率分布图像(图中暗色区域对应充电速率慢的结构)[25]。结果表明，在针尖正偏压下，在给/受体界面处的充电速率是最慢的(暗环)，即产生最高充电速率的位置并非是给/受体两相界面处，而是两相畴区的中心。这一结论与利用扫描近场光学显微技术所获得的光电流更多地产生于畴区内部，而不是边界处的结论一致[26]。进一步通过对由不同比例 F8BT：PFB 构成器件的外量子效率与 EFM 测试结果相比较，发现二者具有强相关性。这些结果表明 EFM 在建立光电器件微观结构、电学特性及性能间相互关系的研究中可以发挥关键作用。

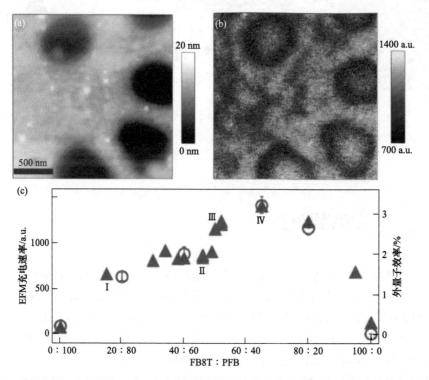

图 8.5   时间分辨 EFM 所得 F8BT：PFB 活性层形貌(a)和电荷充电速率(b)结果，可以看出，两
相畴区界面处的充电速率最低；(c)外量子效率与平均 EFM 充电速率随给/受体组成的变化[25]

c-AFM 是直观测试 PSC 活性层局域电流的产生及其产生效率的有效工具。在此模式下，当导电针尖对样品表面进行扫描时，如在针尖和样品之间施加直流偏压，则可同时记录材料表面纳米尺度形貌和相应的电流分布(电导率)。因此，c-AFM 可用于表征薄膜样品表面的给/受体相分离结构、电子和空穴的传输网络及电流分布，且具有约 10 nm 的空间分辨率[27-32]。例如，利用 c-AFM 表征 PEDOT：PSS 薄膜的微观结构及其导电性，发现电导率较高的 PEDOT 微区被包覆在绝缘的 PSS 薄层(厚度 1~4 nm)中，并形成导电异质结。通过进一步的热处理及其他工艺可改变这种复合结构，从而影响薄膜的异质性和导电性[33,34]。通过 c-AFM 对电流成像还发现，热处理可以增强 PEDOT 传输载流子的能力，而且提高 PEDOT 与 PSS 的混合比例也会提高薄膜的导电性能。因此，c-AFM 的研究结果表明薄膜的处理工艺对 PEDOT：PSS 空穴传输层导电性的影响比较明显。若制备器件过程中应用后处理工艺提高 PEDOT：PSS 结构的规整性，则将提高其空穴传输性能，进而提高器件的光电转换效率。c-AFM 还可以用于研究加工工艺对电子给体材料电导率的影响[32,35]，研究发现热处理可以提升 P3HT：PCBM 本体异质结的电子和空穴的迁移率[27]，减少给/受体间的相分离尺度[31]。

与 AFM 纳米力学图谱可获取样品表面任一点的力-位移曲线类似，c-AFM 可以测试 PSC 表面任一点的电流-电压(即 I-V)曲线，进而提供样品表面局部的电荷传输机制。例如，以 c-AFM 分别对 P3HT：PCBM 和聚[2-甲氧基-5-(3′,7′-二甲基辛氧基)-1,4-二苯撑乙烯](MDMO-PPV)：PCBM 的研究表明，P3HT：PCBM 体系的导电性要明显高于 MDMO-PPV：PCBM 体系，I-V 分析则证明了其原因为 P3HT 比 MDMO-PPV 具有明显高的空穴迁移率[36]。此外，一些难以通过宏观 J-V 曲线来进行表征的参数，如纯 P3HT[30,37]及 P3HT：PCBM 混合物[27]薄膜的空穴迁移率，也可以利用 c-AFM 实现。应当指出，c-AFM 测量的电荷迁移率与采用宏观平面器件结构测量的电荷迁移率之间可能存在较大的差异，这是由两种实验技术之间的样品几何差异造成的[24,37,38]。如果选取合适的针尖-样品几何形状，则可以消除 c-AFM 测量结果与宏观器件测量结果的差异，并准确获取 PSC 薄膜表面载流子的生成、传输及相关的纳米级光电流生成的信息。

pc-AFM 是在 c-AFM 基础上通过将针尖定位于一束激光的中心，进而将产生的光电流信号进行成像的表征技术。其装置[图 8.6(a)]和 c-AFM 基本一样，只是多了一个激光源。pc-AFM 工作时，如在导电针尖与导电基底间施加一定的电压，则可实现同时记录样品的表面形貌和所产生的光电流，并具有约 10 nm 的空间分辨率[39-46]。图 8.6(b)~(d)为 MDMO-PPV：PCBM 器件的 pc-AFM 表征结果。从图中可以发现，在 pc-AFM 形貌图[图 8.6(b)]中 PCBM 的两个微区并无区别(图中黄、红及绿标记)，但在产生的光电流图[图 8.6(c)]中却有较大差异。由图 8.6(d)中的 I-V 曲线中可以分别得到图 8.6(b)和(c)中 3 个位置的开路电压、短路电流及填充因子。结果显示三个位置短路电流的差异性最明显，并与图像中光电流的大小趋势一致，表明局部电荷传输性能差异较大。这可能是由于薄膜在垂直方向结构不均一。若向该器件施加一系列不同的电压，则薄膜活性层中微区将会被激发产生光电流，并且显示有明显的差异，说明对于每个微区都有一个特定的开路电压、短路电流及填充因子[24,39]。进一步利用 pc-AFM 对 P3HT：PCBM器件进行研究，结果表明，在该活性层表面存在 100～500 nm 尺度的非均匀结构，其中包含大量的低效光电转换微区[41]。对 PTB7：PCBM 高性能 PSC 体系的研究显示，当富含 PCBM 微区和富含 PTB7 纤维的微区具有宽 10～50 nm、长200～400 nm 的畴区域，并且互相贯穿时，该器件才具有最高的光电转换效率。因此，该研究表明当给/受体形成窄且细长的相分离结构时，将更有利于提高 PSC的光电转换性能[46]。

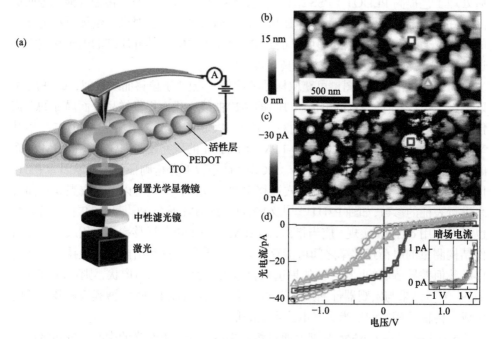

图 8.6　(a) pc-AFM 装置示意图；由 pc-AFM 在零偏压下所得 MDMO-PPV：PCBM 活性层形貌图(b)和光电流图(c)；(d)在(b)与(c)中所标示位置的局部电流-电压曲线；插图为无光照条件下的局部电流-电压曲线，可见暗电流值远低于光电流结果[39]

　　KPFM 与 EFM 技术相类似，可用于测试材料的表面电势。对于 PSC，KPFM主要用于研究薄膜的相分离、光生载流子的分布以及活性层的光生电势等[47-55]。利用 KPFM 对 MDMO-PPV：PCBM 体系的早期研究揭示了由甲苯作溶剂所得的器件效率及光电流低于由氯苯作溶剂所得器件的原因。即当甲苯为溶剂时，所形成的与金属电极相接触的 PCBM 富集微区表面包覆了一层薄的 MDMO-PPV 包膜层，从而阻碍了电子向电池负极的传输。因此，KPFM 结果表明，除了激子的有效分离和适当尺度的相分离外，电子和空穴的传输网络与相应电极的连通性也十分重要[48,24]。在基于 F8BT：PFB 体系的有机发光二极管中，KPFM 结果揭示了活性层薄膜的三维纳米结构的组成信息。活性层在侧向及垂直方向上的相分离均导致不连续覆盖层的形成，从而阻碍了光生电荷向表面的传输，并导致器件效率的降低。该研究表明有效的电荷传输路径对实现制备高效 PSC 的重要性。同时，这些测试结果也证明了 KPFM 可为研究 PSC 的电荷分离过程和成分识别提供强有力的支撑[21,46]。P3HT：PCBM 是研究较早和效率较高的一个经典 PSC 体系。超高真空条件下对该体系的 KPFM 研究实现了以 10 nm 分辨率水平对其活化层形貌和表面电势成像，并且观察到了给/受体界面处光生电荷的产生过程（图 8.7）。在 532 nm 光照条件下，活性层表面功函数的分布明显向低值区偏移并进行重新分布[图 8.7(b)]，从而证明了光照导致薄膜表面净负电荷的积累过程的变化，以及新的界面功函数分布的产生。光激发后在 P3HT 畴区周围产生新的界面相，并以"光圈"形式分布在 P3HT 相周围，这一结果解释了功函数在 PCBM 相区下降幅度较大而在 P3HT 畴区下降幅度较小的原因，并且界面处功函数的下降与活性层整体平均功函数的下降近似相同。因此，利用 KPFM，该研究可视化了 PSC 活性层中电子给体在持续光照下被激发产生的电子和空穴，以及在给/受体互穿网络界面处电荷分离的状态，光照条件下高分辨率的功函数分析也有助于定量分析空间电荷在界面处的分布[54,24]。

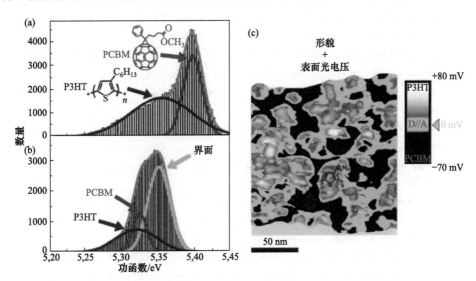

图 8.7　P3HT：PCBM 器件 KPFM 结果[54]

(a) 与 (b) 分别为暗场和 532 nm 光激发条件下功函数分布图；(c) 为 532 nm 激光辐照下 P3HT：PCBM 活性层表面
形貌与表面光电压 (灰度) 的叠加图，其中 PCBM 聚集体微区为图中的暗色区，P3HT 晶区为图中亮色区

　　将 EFM、c-AFM、pc-AFM 和 KPFM 相结合并用于 PSC 的表征可以获取其活性层形貌、薄膜电学及光电子特性等更全面的信息，从而建立器件的光电流形成机制和活性层微观结构之间的直接关联[11-14,55]。例如，由 c-AFM 所得 P3HT：PCBM 器件局部电流和 pc-AFM 所得短路光电流的分布说明，热处理可以诱导薄膜活性层产生异质性，进而可能导致一些器件产生不完善的内量子效率[40]。在基于聚（3-丁基噻吩）（P3BT）：PCBM 的体系中，由 c-AFM 所得局部电流和 pc-AFM 所得短路光电流的分布可以直接建立活性层微观结构和器件整体性能之间的关系，进而揭示由溶剂和热退火调控的纳米结构是决定器件性能的重要因素之一[42]；然而在由 P3HT：PCBM 构建的器件中，研究结果证明活性层在垂直方向上的微观结构对器件性能具有重要影响[43]。然而，需要指出的是，c-AFM 和 pc-AFM 均为接触模式，其在 PSC 中的应用仍面临不少挑战，如针尖扫描导致的样品损伤[43]，由针尖功函数产生的注入/提取势垒[53]，以及难以与利用宏观二极管测试所得的外量子效率（EQE）进行定量比较[38]等。

参 考 文 献

[1]　Dennler G, Scharber M C, Brabec C J. Polymer-fullerene bulk-heterojunction solar cells. Adv Mater, 2009, 21: 1323-1338.

[2]　Li G, Zhu R, Yang Y. Polymer solar cells. Nat Photonics, 2012, 6: 153-161.

[3]　Lu L, Zheng T, Wu Q, et al. Recent advances in bulk heterojunction polymer solar cells. Chem Rev, 2015, 115: 12666-12731.

[4]　Li C, Zhou J D, Song J L, et al. Non-fullerene acceptors with branched side chains and improved molecular packing to exceed 18% efficiency in organic solar cells. Nat Energy, 2021, 6: 605-613.

[5]　Zhang T, An C B, Bi P Q, et al. A thiadiazole-based conjugated polymer with ultradeep HOMO level and strong electroluminescence enables 18.6% efficiency in organic solar cell. Adv Energy Mater, 2021, 11: 2101705.

[6]　Yang X N, Loos J. Toward high-performance polymer solar cells: the importance of morphology control. Macromolecules, 2007, 40: 1353-1362.

[7]　Liu F, Gu Y, Shen X, et al. Characterization of the morphology of solution-processed bulk heterojunction organic photovoltaics. Prog Polym Sci, 2013, 38: 1990-2052.

[8]　Huang Y, Kramer E J, Heeger A J, et al. Bulk heterojunction solar cells: morphology and performance relationships. Chem Rev, 2014, 114: 7006-7043.

[9]　McNeill C R. Morphology of all-polymer solar cells. Energy Environ Sci, 2012, 5: 5653-5667.

[10]　Pingree L S C, Reid O G, Ginger D S. Electrical scanning probe microscopy on active organic electronic devices. Adv Mater, 2009, 21: 19-28.

[11]　Liscio A, Palermo V, Samorì P. Nanoscale quantitative measurement of the potential of charged nanostructures by electrostatic and Kelvin probe force microscopy: unraveling electronic processes in complex materials. Acc Chem Res, 2010, 43: 541-550.

[12]　Groves C, Reid O G, Ginger D S. Heterogeneity in polymer solar cells: local morphology and performance in organic photovoltaics studied with scanning probe microscopy. Acc Chem Res, 2010, 43: 612-620.

[13] Giridharagopal R, Cox P A, Ginger D S. Functional scanning probe imaging of nanostructured solar energy materials. Acc Chem Res, 2016, 49:1769-1776.

[14] Chen X, Lai J Q, Shen Y B, et al. Functional scanning force microscopy for energy nanodevices. Adv Mater, 2018, 30: 1802490.

[15] Wang D, Liu F, Yagihashi N, et al. New insights into morphology of high performance BHJ photovoltaics revealed by high resolution AFM. Nano Lett, 2014, 14: 5727-5732.

[16] Zhong Y, Trinh M T, Chen R, et al . Molecular helices as electron acceptors in high-performance bulk heterojunction solar cells. Nat Commun, 2015, 6: 1-8.

[17] Qiu B, Xue L, Yang Y, et al. All-small-molecule nonfullerene organic solar cells with high fill factor and high efficiency over 10%. Chem Mater, 2017, 29: 7543-7553.

[18] Sun C, Pan F, Bin H, et al. A low cost and high performance polymer donor material for polymer solar cells. Nat Commun, 2018, 9: 1-10.

[19] Xue L, Yang Y, Xu J, et al. Side chain engineering on medium bandgap copolymers to suppress triplet formation for high-efficiency polymer solar cells. Adv Mater, 2017, 29: 1703344.

[20] Zhang Z G, Yang Y, Yao J, et al. Constructing a strongly absorbing low-bandgap polymer acceptor for high-performance all-polymer solar cells. Angew Chem Int Ed, 2017, 56: 13503-13507.

[21] Jaquith M, Muller E M, Marohn J A. Time-resolved electric force microscopy of charge trapping in polycrystalline pentacene. J Phys Chem B, 2007, 111: 7711-7714.

[22] Muller E M, Marohn J A. Microscopic evidence for spatially inhomogeneous charge trapping in pentacene. Adv Mater, 2005, 17: 1410-1414.

[23] Yan H, Li D H, Li C, et al. Bridging mesoscopic blend structure and property to macroscopic device performance via in situ optoelectronic characterization. J Mater Chem, 2012, 22: 4349-4355.

[24] 李灯华, 李超, 杨延莲, 等. 聚合物太阳能电池的电特性扫描探针显微技术. 科学通报, 2013, 58: 2398-2410.

[25] Coffey D C, Ginger D S. Time-resolved electrostatic force microscopy of polymer solar cells. Nat Mater, 2006, 5: 735-740.

[26] McNeill C R, Frohne H, Holdsworth J L, et al. Near-field scanning photocurrent measurements of polyfluorene blend devices: directly correlating morphology with current generation. Nano Lett, 2004, 4: 2503-2507.

[27] Dante M, Peet J, Nguyen T Q. Nanoscale charge transport and internal structure of bulk heterojunction conjugated polymer/fullerene solar cells by scanning probe microscopy. J Phys Chem C, 2008, 112: 7241-7249.

[28] Duong D T, Phan H, Hanifi D, et al. Direct observation of doping sites in temperature-controlled, p-doped P3HT thin films by conducting atomic force microscopy. Adv Mater, 2014, 26: 6069-6073.

[29] Alekseev A, Hedley G J, Al-Afeef A, et al. Morphology and local electrical properties of PTB7：PC71BM blends. J Mater Chem A, 2015, 3: 8706-8714.

[30] Kondo Y, Osaka M, Benten H, et al. Electron transport nanostructures of conjugated polymer films visualized by conductive atomic force microscopy. ACS Macro Lett, 2015, 4: 879-885.

[31] Osaka M, Benten H, Ohkita H, et al. Intermixed donor/acceptor region in conjugated polymer blends visualized by conductive atomic force microscopy. Macromolecules, 2017, 50: 1618-1625.

[32] Osaka M, Benten H, Lee L T, et al. Development of highly conductive nanodomains in poly (3-hexylthiophene)

films studied by conductive atomic force microscopy. Polymer, 2013, 54: 3443-3447.

[33]   Ionescu-Zanetti C, Mechler A, Carter S A, et al. Semiconductive polymer blends: correlating structure with transport properties at the nanoscale. Adv Mater, 2004, 16: 385-389.

[34]   Pingree L S C, MacLeod B A, Ginger D S. The changing face of PEDOT：PSS films: substrate, bias, and processing effects on vertical charge transport. J Phys Chem C, 2008, 112: 7922-7927.

[35]   Wood D, Hancox I, Jones T S, et al. Quantitative nanoscale mapping with temperature dependence of the mechanical and electrical properties of poly(3-hexylthiophene) by conductive atomic force microscopy. J Phys Chem C, 2015, 119: 11459-11467.

[36]   Douheret O, Lutsen L, Swinnen A, et al. Nanoscale electrical characterization of organic photovoltaic blends by conductive atomic force microscopy. Appl Phys Lett, 2006, 89: 032107.

[37]   Reid O G, Munechika K, Ginger D S. Space charge limited current measurements on conjugated polymer films using conductive atomic force microscopy. Nano Lett, 2008, 8: 1602-1609.

[38]   Moerman D, Sebaihi N, Kaviyil S E, et al. Towards a unified description of the charge transport mechanisms in conductive atomic force microscopy studies of semiconducting polymers. Nanoscale, 2014, 6: 10596-10603.

[39]   Coffey D C, Reid O G, Rodovsky D B, et al. Mapping local photocurrents in polymer/fullerene solar cells with photoconductive atomic force microscopy. Nano Lett, 2007, 7: 738-744.

[40]   Pingree L S, Reid O G, Ginger D S. Imaging the evolution of nanoscale photocurrent collection and transport networks during annealing of polythiophene/fullerene solar cells. Nano Lett, 2009, 9: 2946-2952.

[41]   Hamadani B H, Jung S, Haney P M, et al. Origin of nanoscale variations in photoresponse of an organic solar cell. Nano Lett, 2010, 10: 1611-1617.

[42]   Xin H, Reid O G, Ren G, et al. Polymer nanowire/fullerene bulk heterojunction solar cells: how nanostructure determines photovoltaic properties. ACS Nano, 2010, 4: 1861-1872.

[43]   Rice A H, Giridharagopal R, Zheng S X, et al. Controlling vertical morphology within the active layer of organic photovoltaics using poly(3-hexylthiophene) nanowires and phenyl-C_{61}-butyric acid methyl ester. ACS Nano, 2011, 5: 3132-3140.

[44]   Tsoi W C, Nicholson P G, Kim J S, et al. Surface and subsurface morphology of operating nanowire: fullerene solar cells revealed by photoconductive-AFM. Energy Environ Sci, 2011, 4: 3646-3651.

[45]   Kamkar D A, Wang M, Wudl F, et al. Single nanowire OPV properties of a fullerene-capped P3HT dyad investigated using conductive and photoconductive AFM. ACS Nano, 2012, 6: 1149-1157.

[46]   Hedley G J, Ward A J, Alekseev A, et al. Determining the optimum morphology in high-performance polymer-fullerene organic photovoltaic cells. Nat Commun, 2013, 4: 1-10.

[47]   Melitz W, Shen J, Kummel A C, et al. Kelvin probe force microscopy and its application. Surf Sci Rep, 2011, 66: 1-27.

[48]   Hoppe H, Glatzel T, Niggemann M, et al. Kelvin probe force microscopy study on conjugated polymer/fullerene bulk heterojunction organic solar cells. Nano Lett, 2005, 5: 269-274.

[49]   Chiesa M, Bürgi L, Kim J S, et al. Correlation between surface photovoltage and blend morphology in polyfluorene-based photodiodes. Nano Lett, 2005, 5: 559-563.

[50]   Baghgar M, Barnes M D. Work function modification in P3HT H/J aggregate nanostructures revealed by Kelvin probe force microscopy and photoluminescence imaging. ACS Nano, 2015, 9: 7105-7112.

[51]　McFarland F M, Brickson B, Guo S. Layered poly (3-hexylthiophene) nanowhiskers studied by atomic force microscopy and Kelvin probe force microscopy. Macromolecules, 2015, 48: 3049-3056.

[52]　Shao G, Glaz M S, Ma F, et al. Intensity-modulated scanning Kelvin probe microscopy for probing recombination in organic photovoltaics. ACS Nano, 2014, 8: 10799-10807.

[53]　Hamadani B H, Gergel-Hackett N, Haney P M, et al. Imaging of nanoscale charge transport in bulk heterojunction solar cells. J Appl Phys, 2011, 109: 124501.

[54]　Spadafora E J, Demadrille R, Ratier B, et al. Imaging the carrier photogeneration in nanoscale phase segregated organic heterojunctions by Kelvin probe force microscopy. Nano Lett, 2010, 10: 3337-3342.

[55]　Musumeci C, Liscio A, Palermo V, et al. Electronic characterization of supramolecular materials at the nanoscale by conductive atomic force and Kelvin probe force microscopies. Mater Today, 2014, 17: 504-517.

第9章

AFM 假像与测量误差

　　同其他显微成像方法一样，AFM 在成像过程中也不可避免地会出现一定程度的假像（artifact），其对材料性能的定量表征也存在测量误差。AFM 假像是指扫描所得图像中出现的与样品固有结构完全无关的或者歪曲了固有结构的信息。测量误差主要是指定量表征样品局部形貌（如尺寸大小、厚薄等）和物理性质（如力学、电学等）所得各参数的测量值与真实值的误差。假像与测量误差的来源包括仪器本身和零部件的缺陷、仪器操作者经验不足导致的成像参数设置非最优化及样品前处理环节引入的缺陷等[1-6]。仪器本身和零部件的缺陷包括探针针尖的卷积（convolution）效应、污染（contamination）、磨损（worn）、压电材料的蠕变（creep）、迟滞（hysteresis）、老化（aging）及操作模式不同导致的结果偏差。成像参数主要包括扫描过程中力大小的设定、扫描速率及增益等。仪器操作者应根据样品的种类、特点、欲测定的结构及性能指标等合理地设定这些参数。例如，对于粗糙度较大的样品，扫描成像时可应用较大的扫描力、较慢的扫描速率和较大的增益，并对这些参数不断进行优化以获得最佳图像。此外，环境因素，如湿度、振动及噪声等也是产生假像和测量误差的重要来源。AFM 假像和测量误差会给使用者的结果分析带来诸多困惑。因此，本章将介绍 AFM 在使用过程中产生假像和测量误差的常见原因以及相应的解决方法。

9.1 　针尖效应 　　　　　　　　　　　　　　　　　＜＜＜

　　由于 AFM 成像是基于探针针尖对样品表面形貌的扫描，因此，得到的扫描图像实质是针尖几何形状与样品表面形貌卷积的结果。针尖的几何形状是决定 AFM 图像质量高低的决定性因素。为了理解 AFM 图像形成过程及扫描图像与样品真实形貌的差别，本节将对经常出现的几种针尖效应进行详细的讨论。

9.1.1　展宽与窄化

由针尖效应导致被成像样品特征结构的"展宽"和"窄化"是 AFM 成像中的常见现象，也是 AFM 假像产生的主要原因之一。当针尖的曲率半径近似于或大于被成像样品的特征结构尺寸时，AFM 扫描过程中，针尖的侧壁比其顶端更早地与样品发生相互作用，并且检测器和反馈控制系统会相应地做出响应。其导致的结果就是成像样品的特征结构被平滑和展宽，即卷积效应，如图 9.1(a) 所示。展宽现象经常出现在对纳米粒子、纳米线、聚合物及生物大分子链成像过程中。此时由扫描图像测得的尺寸通常作为样品特征结构尺寸的最大值。与此相反，当 AFM 扫描表面有凹陷的样品时，同样由于针尖的曲率半径与样品特征结构尺寸相近或相差太大，此时往往会导致扫描图像中的凹陷要比真实结构的"窄"[图 9.1(b)]，有时甚至既"窄"又"浅"。展宽和窄化现象在 AFM 成像过程中都是难以避免的。这种情况下，即使对 AFM 已经进行了精确的校准，仍会导致成像样品特征结构的偏大或偏小。此时只能使用针尖去卷积软件获取准确的样品特征结构。那么什么条件下可以忽略展宽和窄化现象呢？通常认为，要想获取横向尺度为 100 nm 的微观结构形貌，通常采用针尖曲率半径为 10 nm 的探针是合理的。即针尖的几何尺寸相对样品特征结构的尺寸越小，其对 AFM 成像结果的影响越可以忽略。相反，则往往会出现假像和导致测量误差。

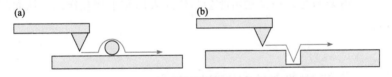

图 9.1　针尖扫描结果的展宽(a)和窄化(b)现象

另外，需要指出的是，针尖的展宽和窄化效应一般不影响 AFM 对样品 z 方向的测量，这种情况下得到的样品的高度仍是准确的。

9.1.2　双针尖或多针尖效应

在 AFM 成像过程中，由于使用劣质针尖而造成图像的失真称为多针尖效应。劣质针尖可能来源于生产制造过程中产生的缺陷，或者针尖使用过程中造成的损伤，也可能来源于使用过程中针尖受到了污染，导致有微尘或其他污染物质黏附在针尖上。劣质针尖可能会形成多个尖端，但在通常情况下一般能观察到 2～3 个尖端。多针尖效应在扫描图像中最明显的表现是重影假像。图 9.2(a) 与(b)为由两个或多个尖端导致的假像。

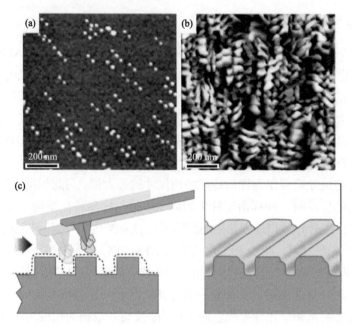

图 9.2   双针尖(a)和多针尖(b)导致的 AFM 假像,图中标尺均为 200 nm; (c)针尖污染导致的
AFM 假像示意图

针尖经长久使用后可能会磨损变钝,曲率半径增大,此时也容易造成假像。当
针尖上黏附了污染物时,污染物可能会与样品表面发生相互作用,从而产生假像
[图 9.2(c)]。

9.2   压电陶瓷扫描器效应   ◀◀◀

AFM 能实现 x/y 方向 0.1 nm、z 方向 0.01 nm 的高分辨率成像离不开该设备
的一个核心部件——压电陶瓷扫描器。扫描器用于执行向 x、y 及 z 方向的伸缩
命令,具有定位和控制扫描成像的功能。然而压电材料的蠕变、迟滞、交叉耦合
(cross-coupling)及老化效应均会影响 AFM 的成像,甚至造成假像。

9.2.1   蠕变效应

蠕变效应是对压电材料施加直流偏置电压后压电位移的漂移现象。这种现象
一般发生在向 x 和 y 方向设置较大的偏移量(offset)时,或者当扫描器执行从下向
上或从上向下命令对图像进行重新扫描时。蠕变效应是开环(open-loop)扫描的独
有特性,当压电扫描器为闭环(closed-loop)控制时,反馈信号可以对蠕变效应进行

纠正。

　　蠕变效应的产生是由于当施加在扫描器上的电压发生突变时，压电陶瓷的伸缩形变不是立即完成的，而是分两步完成。具体来说就是当控制系统对扫描器设置了一个大的偏移量时，扫描器先停止扫描，并快速完成偏移距离的大部分，然后第二步缓慢完成剩余部分。然而，扫描器在完成了第一步的大部分偏移距离之后，将继续进行扫描，并在扫描过程中完成剩余的偏移距离，这就在扫描图像上体现为蠕变效应。其特征体现为在扫描器执行偏移命令后的短时间内，扫描图像上出现被成像样品特征形貌向偏移方向拉伸的现象。

　　图 9.3（a）为在扫描校准样品光栅的过程中，当在 x 方向上设置一个像箭头所示方向 10 μm 的偏移量时出现的蠕变效应，扫描过程为从上到下。图 9.3（a）清楚地显示出在扫描器执行偏移命令之后发生了由蠕变效应引起的图像轻微弯曲现象，但随着扫描的进行，这种现象消失了。因此，当出现这种情况时，可以等蠕变效应消失后，即扫描图像稳定后再对图像进行保存。蠕变效应消失的时间长短取决于偏移量设置的大小，对于非常大的偏移量，如 >50 μm，这种情况下就需要等待更长的时间来使图像稳定。

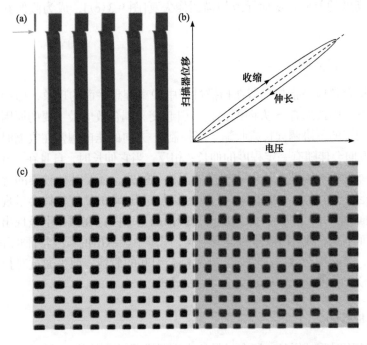

图 9.3　（a）扫描器蠕变效应导致的假像；扫描器迟滞效应（b）及导致的假像（c）

　　蠕变效应对 z 方向的成像也有影响，特别是在 z 方向位移较大时。当扫描器带动针尖从水平面到台阶顶部进行扫描时，在电压的控制下，扫描器会先迅速收缩，蠕变效应的存在使得在之后的时间内扫描器再缓慢持续收缩。为了保持样品与针尖间的距离恒定，此时控制系统会给出一个反向电压来抵消蠕变效应。所施加的反向电压会使得扫描图像在台阶边缘处出现一个明显的凸起。同样，当针尖从台阶顶部到平面进行扫描时，施加的反向电压会使得扫描图像在台阶底部出现一个凹陷。通过对比往返两个方向的扫描图像，即可分辨扫描器蠕变效应造成的假像。

9.2.2　迟滞效应

压电陶瓷扫描器随施加电压的变化而伸长或收缩，但是伸长和收缩两个过程的形变量随电压变化的关系并不一致。如图 9.3(b)所示，当扫描管在极限范围内伸长和收缩时，它在开始伸长时每伏特的伸长量比接近终点时要小。同样地，它在开始收缩时每伏特的收缩量也比接近终点时要小，所以扫描器伸长和收缩两个过程与所加电压的关系是非线性的，这种现象就是迟滞效应。扫描器的迟滞效应会使得探针在 x 方向上往复两个扫描过程不能完全重合，对于同一高度样品的扫描也会出现高度的差异，从而导致扫描图像失真[图 9.3(c)]，成为假像并导致测量误差。

9.2.3　交叉耦合效应

交叉耦合效应是指扫描器在扫描过程中脱离理想平面的现象，即探针在平面上的扫描过程中伴随有 z 方向的偏移。引起交叉耦合效应最主要的原因是控制各方向压电陶瓷的不协调伸长或收缩。当控制 x 方向的压电陶瓷在收缩时，它自身在 y 和 z 方向会伴随有一定程度的伸长；相反，当它伸长时，自身在 y 和 z 方向也必然有收缩发生。因此，压电式扫描器无论是管式，还是其他种类的弯曲式扫描器，都不能在一个完全水平的 x/y 平面上移动，其运动的轨迹往往会呈现为二阶或三阶的曲面，如图 9.4 所示。该效应使得扫描的平面图像在截面上呈现出一条弧线（或弓形）而不是直线。扫描器的类型不同，图像中显示出的弧线特征也不同。扫描范围越大，交叉耦合效应越明显。交叉耦合引起的假像一般可通过对扫描图像的后处理来校正，但是无法做到完全彻底的清除。

9.2.4　老化效应

随着使用时间的增加，压电材料的应变系数呈减小趋势，并因使用频率而异，这种现象被称为压电材料的老化效应。压电材料是一种多晶陶瓷，每一个微小晶体都有自己的偶极矩。扫描过程中如果反复在同一方向施加电压，会使越来越多

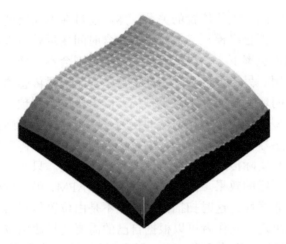

图 9.4　扫描器交叉耦合效应导致扫描图像呈现为二阶或三阶的曲面

的偶极子沿扫描器的轴线排列。压电材料的应变系数与偶极子数量和极化程度相关。扫描器使用频率越高，应变系数越大，其在同一施加电压下的伸长量就越大。相反，如果扫描器使用频率低，偶极子的数量和极化程度就会减小，应变系数也会随之降低。注意扫描器在刚出厂时已经被最大极化，即应变系数已达最大值。老化效应的发生导致其应变系数在出厂后短时间内会发生剧烈变化。之后伴随着老化过程，应变系数将会随着时间延长和使用状况的不同而逐渐发生微小的改变。老化效应使被成像样品的特征结构尺寸与经初次校准的扫描器测得的尺寸之间可能存在差异。

　　管式扫描器的结构简单，质量小，动态响应快，适合于高分辨成像。然而在大的扫描范围下，扫描管驱动探针或样品在 x 和 y 方向的运动将是一条弧线而不是直线（即 9.2.3 中扫描管的交叉耦合效应）。这使所得图像的背底变为一个曲面，导致本质是平坦的样品表面看起来像球面。此时如对样品细节进行表征，就需要采用二阶平坦化处理。若对样品进行定量尺寸测量，则需要在一个超平表面上预先扫描一个背底，对待测样品图像进行背底扣除。

　　压电陶瓷扫描器的非线性校正是一个在 AFM 设计和使用过程中不可忽略的程序。压电材料存在固有的蠕变和迟滞特性。蠕变是指在改变驱动电压后，扫描器先快速到达预定位置附近，然后再缓慢移动到预定位置。也就是说，扫描器的位置不单纯由电压决定，时间也会影响扫描器的位置。迟滞是指扫描器做往复扫描时，在相同的电压下，去和回的位置不一样，即扫描器的位置是所加电压和上一时刻的位置共同决定的。因此，直接利用驱动电压转换为扫描器的三维坐标是不准确的。同时线性电压驱动下，扫描器并非做线性位移。为了修正这个问题，一般从两个方面入手。一是运用一个复杂的模型来描述扫描器的位置和电压、时间、既往位置的关系。然后通过在不同尺度和速率下扫描可溯源的标准样品来拟合出模型参数。模型中含时间变量就可以修正蠕变了，也就是说在不同扫描速率下，扫描器的最大扫描范围会不一样，这种方法一般在高分辨成像中采用。另一种方法是在扫描器上加装位置传感器，实时监控扫描器的位置，通过闭环反馈回路来修正扫描器的电压以达到预定位置。这种方法不需要复杂的模型来描述压电扫描器的行为。常用的位置传感器包括电阻应变传感器、光电传感器、电容传感器、电感传感器。不同的传感器虽然理论传感精度不一样，但是实际传感精度主要由实现方法决定。只要实现方法得当，哪种方法都能达到不错的效果。装有位置传感器的 AFM，仍然可以使用数学模型来修正扫描器的非线性，这时扫描器的电压不是由位置传感器决定，而是由控制器根据模型来决定，操作者可以根据自己的需要选择使用或不使用位置传感器。此外压电扫描器也存在老化现象，随着时间延长，尤其是在温度超过 80℃时，压电材料的压电系数会衰减，因此应该定期用标准样品检查标定参数是否合适，如果有偏差，则需进行扫描器标定。目前商业化 AFM 一般配有标定程序，计算机可以自动完成。

9.3　参数设置　◀◀◀

　　扫描过程中不合理的参数设置也是造成 AFM 假像的常见因素。扫描力、扫描速率及增益是 AFM 成像过程中需要经常调节的参数。图 9.5 为不同扫描参数下所得纳米粒子的形貌图。其中图 9.5(a) 中出现纳米粒子拖尾(条纹)现象，而图 9.5(b) 则为真实的纳米粒子形貌。出现这种拖尾现象的原因可能是 AFM 扫描过程中施

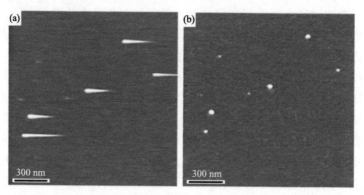

图 9.5　由扫描参数设置不当导致的纳米粒子假像(a)和扫描参数经调整后真实纳米粒子形貌图(b)

加的扫描力不足，或扫描速率太快，或者增益值设置得太低。另外，上述三个因素的任意组合如果设置得不合理也会导致出现这种条纹。当出现这种情况时，可尝试以下步骤来消除。首先增加扫描力，从而增大施加在样品表面上的敲击力。通常情况下这一方法最有效。但如果扫描的对象为软材料，如橡胶或凝胶等，此时需要注意不能使用过高的扫描力，否则将有可能损坏样品。如果增大扫描力之后仍不能解决拖尾现象，则可尝试逐渐降低扫描速率。小的扫描速率有利于针尖与样品更好地相互作用，提高成像质量。最后，还可尝试增加增益值以及比例增益以加快扫描器的响应。总之，AFM 图像的质量是多个参数协同作用的结果，要想获取高质量图像，扫描过程中需要不断地对参数进行调试以达到最高成像质量。

9.4　侧向分辨率　<<<

　　AFM 具有侧向 0.1 nm 的超高分辨率，然而，如 9.1.1 中所述，由于 AFM 扫描成像实质是针尖几何形状与样品表面形貌的卷积，有时所得到的图像并不能反映样品的真实微观结构。这种情况下，虽然这些结果仍可用于一些定性分析，然而，当需要对样品的特征结构做定量分析，并且需要重建样品的真实形貌时，就需要了解 AFM 侧向分辨率的影响因素，其中主要包括针尖的曲率半径和样品的弹性形变。因 AFM 接触模式通常具有最高侧向分辨率，接下来将以该模式为例进行说明。

9.4.1　针尖几何参数

　　针尖的曲率半径是决定 AFM 侧向分辨率的决定性因素，而侧壁角将决定能否实现对具有大纵横比特征微观结构的准确成像[7]。

　　(1) 当针尖曲率半径 R 远小于被成像样品特征结构的曲率半径 r 时[图 9.6(a)]，即 $R \ll r$。此时被成像样品的侧向尺寸为

$$r_{\mathrm{c}} = r\left(\cos\theta + \sqrt{\cos^2\theta + (1+\sin\theta)(-1+\tan\theta/\cos\theta) + \tan^2\theta}\right) \tag{9-1}$$

式中，θ 为半锥角。这种情况下被成像物体的侧向尺寸被加宽了 $2(r_{\mathrm{c}}-r)$[图 9.6(b)]，然而其纵向尺寸仍为 $2r$。

　　(2) 当针尖曲率半径 R 近似等于被成像样品特征结构的曲率半径 r 时[图 9.7(a)]，即 $R \approx r$。这种情况下，针尖在样品表面上的扫描可以近似为半径为 R 的球沿半径为 r 的球体表面的扫描，即利用针尖描画半径为 $R+r$ 的弧。被成像样品的侧向尺

寸为

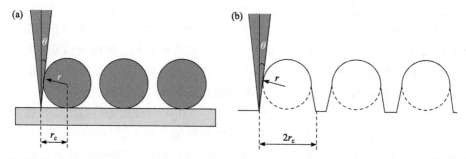

图 9.6　(a) $R \ll r$ 时被成像样品和锥形针尖示意图；(b) 扫描 (a) 中样品所得形貌示意图

$$r_{\mathrm{c}} = 2\sqrt{Rr} \tag{9-2}$$

此时被成像样品的相对高度为

$$H = r\left[1 - \sqrt{1 - \frac{r_{\mathrm{c}}^2}{\left(R+r\right)^2}}\right] \tag{9-3}$$

如果两个被成像样品间的最小距离 $d{-}2r$ 小于针尖的直径，即 $d{-}2r < 2R$，那么，当针尖扫描经过两样品之间时，其能测量的最大深度 ΔH 为

$$\Delta H = r\left[1 - \sqrt{1 - \frac{\left(d/2\right)^2}{\left(R+r\right)^2}}\right] \tag{9-4}$$

ΔH 和 H 如图 9.7 (b) 中所示。图 9.7 (b) 为考虑针尖-样品卷积效应后得到的样品形貌图。这种情况下被成像样品的侧向尺寸被加宽了 $r_{\mathrm{c}} - d/2$。更明显的是，扫描过程中，由于针尖不能完全进入两成像物体间的空间，扫描所得的两样品间距离和纵向尺寸均小于其相应的真实值。

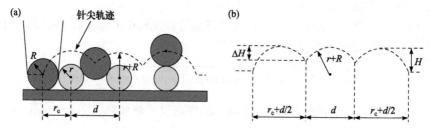

图 9.7　(a) $R \approx r$ 时被成像样品和锥形针尖示意图，虚线为针尖扫描轨迹；(b) 扫描 (a) 中样品所得形貌示意图

(3) 当针尖曲率半径 R 大于被成像样品特征结构的曲率半径 r 时 [图 9.8 (a)]，

即 $R > r$。此时图像的侧向分辨率将由 AFM 的纵向分辨率和针尖曲率半径共同决定。纵向分辨率主要由仪器的噪声水平和扫描时的扫描速率、扫描尺寸及反馈控制系统的增益参数决定，通常为几纳米。这种情况下，其侧向分辨率为

$$d = \sqrt{8R\Delta Z} \tag{9-5}$$

所以当 $R > r$ 时，可达到的侧向分辨率 d 是仪器纵向分辨率 ΔZ 和针尖曲率半径 R 的函数。

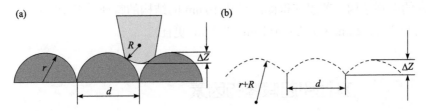

图 9.8　(a)被成像样品和针尖几何形状示意图；(b)扫描(a)中样品所得形貌示意图

9.4.2　弹性形变

　　AFM 以接触模式扫描时，针尖施加在样品表面上的扫描力可能使其发生较大的形变，这也将影响 AFM 的侧向分辨率。特别是对于模量较低的材料，如橡胶，扫描过程中橡胶发生的形变将使其微观结构的特征尺寸远低于其真实值(图 9.9)。同样，扫描斜面、凸出或凹入的表面区域时，也可能出现相同的现象。本书 4.2 节中介绍了几种用于计算材料力学性能的接触模型，同时还包括如何计算样品在施加的应力下产生的形变量。形变的发生将降低图像的分辨率。以仅发生弹性形变为例，利用 Hertzian 接触模型可计算出在施加扫描力下样品发生的形变量。当被成像样品特征结构的尺寸与形变量近似时，此时就不能得到准确的特征结构尺寸。当样品特征结构的曲率半径小于针尖的曲率半径时，此时图像的分辨率约为扫描应力下样品发生的形变量，即 $(F/K)^{1/2}$，式中，F 为接触模式下施加的应力；K 为约化杨氏模量。而对于具有斜面、凸出或凹陷结构特征的样品，AFM 图像的分辨率受制于斜坡区的偏转角，近似等于 $3\,(F^2/K^2r)^{1/3}$，其中 r 为针尖曲率半径。

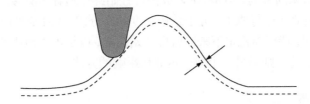

图 9.9　AFM 扫描所得样品形貌(虚线)与真实样品形貌(实线)示意图

9.4.3 像素数

除了针尖曲率半径和样品的弹性形变影响 AFM 侧向分辨率以外，图像像素数的设置也有影响。若设置不合理，将得不到被成像样品的特征结构。因为无论是 AFM，还是 SEM 或 TEM，均无法解析出小于图像像素大小的特征结构。例如，以 512×512 像素设置扫描 $50\ \mu m \times 50\ \mu m$ 区域的微观结构时，此时每个像素的侧向尺寸约为 98 nm（$50\ \mu m/512 \approx 98\ nm$）。这种设置下将无法解析出侧向尺寸小于 98 nm 的微观结构。若想获得侧向尺寸 10 nm 的结构的特征，至少应把扫描区域的尺寸降为 $5.12\ \mu m \times 5.12\ \mu m$（1 μm 或 2 μm 更佳）。

9.5　其他引起假像的因素　◀◀◀

9.5.1 热漂移

热漂移是指在 AFM 扫描过程中，由环境温度的变化引起仪器部件或样品的尺寸变化，从而导致扫描探针与样品之间在二维平面内产生随机漂移的一类现象。微悬臂是随温度变化而变化比较明显的部件之一。常用的微悬臂背部（针尖的反方向）通常会喷镀一层金属（如金、铝等）作为反射层以提高对激光的反射率。因此，喷镀金属层与由氮化硅或硅作基底材料而制成的微悬臂就变成了类似于双金属片的叠层材料。由于不同材料具有不同的热膨胀系数，在任何给定的温度下都会膨胀不同的量，尤其是当外界环境温度发生变化时，此时微悬臂会表现出不同程度的弯曲，产生热漂移。此外，当环境温度变化时，有的样品（如橡胶）会发生较大的膨胀或收缩现象，导致其尺寸发生变化，此时也会产生热漂移现象。

扫描过程中探针和样品的不断漂移将使 AFM 图像在一定程度上产生失真，进而无法反映样品的真实表面形貌。尽管在 AFM 的生产设计时已经考虑到了外界温度给扫描过程带来的影响，但是 AFM 成像过程始终伴随着热漂移的存在，只是程度不同而已。因此在进行原子、分子结构尺度的高分辨 AFM 成像时，通常需要开机预热一段时间，待仪器稳定下来以后再开始扫描，以尽可能地避免热漂移。除此之外，提高扫描速率则是另一个减少热漂移影响的方法。

9.5.2 光学干涉

目前绝大部分 AFM 都是利用激光反射法检测微悬臂的弯曲变形，即通过测量激光束在微悬臂背面的反射来测量其形变量。然而，如果激光器发出的光束不能完全地聚焦在微悬臂背面，这时就会有一部分激光照射到样品表面。如果样品表面粗糙，激光照射到样品上之后主要发生漫反射，这种情况下对样品真实形貌的影响不明显。而对于表面光滑、具有高反射率的样品，如云母、金等，这部分激光会被样品表面反射至光电检测器。激光是一种相干光源，因此从微悬臂反射的光束和从样品反射的光束相遇后会发生相互干扰，使得扫描图像上出现明暗相间的条纹，产生假像(图 9.10)。另外，光学干涉引起的假像还会严重干扰力-位移数据的测定结果，这是因为干涉条纹的存在会使得信噪比大幅降低，使得较小的力无法被分辨出来。光学干涉的消除可以通过将激光正确聚焦或稍微调整聚焦点在微悬臂上的位置来避免。此外，利用低相干的超高亮度光源替代传统光源是近年发展起来的解决光学干涉的有效方法。

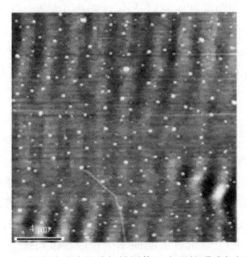

图 9.10　由光学干涉导致扫描图像上出现的明暗相间条纹

9.5.3　机械振动和噪声

AFM 成像和物性表征建立在对微悬臂偏移的高度灵敏性上。对于来自周围环境的任何振动和噪声，AFM 都格外灵敏，如地铁和卡车经过时带来的振动、汽车的鸣笛等。这些振动都能影响针尖和样品之间的距离控制，进而影响信号的反馈，并最终导致扫描图像中出现假像。目前 AFM 设备一般都装配有隔振隔音装置，以尽可能地减小由机械振动和噪声造成的影响。

9.5.4　污染

污染控制也是影响 AFM 成像的关键。针尖和样品在保存和使用过程中均可能被漂浮于空气中的微尘所污染，针尖还可能在扫描过程中被样品污染。针尖被污染后，粘在针尖上的污染物可与样品表面发生相互作用，进而产生假像。因此，AFM 工作环境应保持清洁，任何可能接触样品或探针的工具也都必须经过清洁。当针尖受污染的程度较轻时，如空气中的微尘污染，可尝试利用高频振动清除污染物，即通过改变振动频率和振幅的方式将污染物振落。当针尖受污染程度较严重时，则可考虑更换新的针尖。

9.6　AFM 纳米力学性能测量误差 ◄◄◄

力学性能是材料性能的一个关键参量。实现微纳尺度下材料力学性能的高精度定量表征对于从微观角度理解材料结构-性能相互关系，进而指导高性能材料的设计和制备具有重要的理论意义和实用价值。如本书第 4 章 4.2 节所述，选用合适的接触力学模型对 AFM 力-位移曲线进行拟合是准确获取材料微纳尺度力学性能的一个关键因素。除此之外，针尖曲率半径和微悬臂弹性系数也是影响测定结果可靠性的重要因素。

9.6.1　针尖曲率半径

如 9.5.1 所述，探针针尖的几何形状（主要是曲率半径的大小）是影响 AFM 成像质量与测量误差的关键因素之一。对于 AFM 纳米力学性能测试，曲率半径的大小直接影响样品-针尖间的相互作用和接触面积，进而影响测定结果。商业化的针尖一般都标有由厂家提供的针尖曲率半径，然而该值只是一批样品的平均值，称为标称曲率半径。实际上每批针尖的曲率半径很难做到统一，有时所标称的曲率半径与实际大小相差甚远，因此获取准确的针尖曲率半径对于实现 AFM 定量纳米力学性能测试至关重要。

1. 非原位直接成像法

目前表征针尖曲率半径的方法主要有两种：非原位直接成像法（通常使用电子显微镜）和原位间接分析法[8,9]。非原位直接成像法首先以扫描或透射电镜获取针尖形貌，再对图像进行灰质化、滤波降噪等预处理并应用 Canny 等边缘检测技术来获取针尖轮廓。对轮廓坐标采样后再利用非线性高阶多项式函数拟合轮廓曲线，最后再根据电镜图像的标尺换算，得到针尖的真实曲率半径。其中扫描电镜通常可用于针尖曲率半径为十几纳米或更大尺度的分析，对于曲率半径为几纳米或更小的针尖，需应用高分辨透射电镜成像。非原位直接成像法无需另外准备测试样品、结果直观。然而该类方法无法实现针尖的边缘检测，并且电镜通常只能给出针尖的二维形貌信息。如果针尖具有不规则形状，则必须进行多次电镜成像才能获取针尖形貌。此外，这类方法还容易对针尖造成损伤或污染，因此该方法在 AFM 实际测试中应用非常有限。

2. 原位间接分析法

原位间接分析法是利用 AFM 先对样品表面形貌进行扫描成像，然后从图像数据中根据几何关系或者算法等提取出针尖形貌的一类方法。如 9.1 节所述，AFM 图像实质是针尖几何形状与样品表面形貌的卷积。如果被成像样品的表面形貌是明确和已知的，如金粒子、聚苯乙烯微球、孔、光栅及沟槽等结构，这种情况下可根据样品的几何特征并结合数学算法将针尖的几何形貌从图像中提取出来[10-14]。该方法需要被成像样品的尺寸均一、规整。如果与理想形状和尺寸存在偏差，特别是对于纳米结构，则将在针尖几何形状的测定中引入较大误差。

如果扫描样品的表面形貌未知，则可以利用盲建模方法，通过逐次迭代从 AFM 图像中提取出针尖几何形貌[9,15-18]。这种方法可以使用任意适合 AFM 表征的样品。但重要的是，由于具有尖锐特征结构样品（如 TipCheck 或 NioProbe）的扫描图像包含针尖更全面的信息，如对这类样品进行扫描，则可以使获取的针尖几何参数更为精确。

盲建模方法无需事先进行任何校准，可以原位进行，操作简便且能获取针尖的三维形貌，因此该方法已被广泛用于针尖几何参数的测定。盲建模方法的不足是该方法对噪声比较灵敏，测试中难以避免的噪声会对盲建模的精确性产生重要影响。为了提高该方法的准确性，降噪阈值的选择将对结果有较大影响。

9.6.2　微悬臂弹性系数

同探针针尖曲率半径一样，探针微悬臂的弹性系数是决定 AFM 纳米力学性能测定结果可靠性的另一重要参数。然而，由探针生产厂家提供的微悬臂标称弹性系数是根据其理想设计参数计算得到的。实际上由于微加工工艺水平的限制，微悬臂的实际尺寸参数（长、宽、厚等）与材料特征参数（杨氏模量、密度等）均与理想值存在较大的差异，这使得每一根微悬臂的弹性系数可能与标称值不符，甚至有很大误差。所以在进行微纳尺度力学性能测试时，必须重新对微悬臂弹性系数进行标定[19,20]。

目前已经发展出了多种微悬臂弹性系数的标定方法。这些方法从原理上可分为几何尺寸法[21]、谐振法[22-24]及弯曲法[25-27]等。其中谐振法中广泛使用的方法包括 Sader 法[22]、Hutter 法[23]及 Cleveland 法[24]。弯曲法主要包括参考梁法[25]、纳米压痕法[26]及天平法[27]。上述各种方法都有自身的优点,同时也存在不足。大多数方法都对微悬臂的形状尺寸或其他参数有要求。本节将介绍四种常用于标定微悬臂弹性系数的方法,即几何尺寸法、Cleveland 法、Sader 法及 Hutter 法。

1. 几何尺寸法

几何尺寸法[21]是利用电镜或光学测量法先测出微悬臂的几何尺寸,包括长、宽、厚,然后结合传统的简支梁的力学分析理论计算得到微悬臂的弹性系数。这种方法还与微悬臂材料的物理性质,如杨氏模量和微悬臂形状有关。对于截面均匀的矩形微悬臂,其弹性系数为

$$k = Et^3w/4l^3 \tag{9-6}$$

式中,k 为微悬臂的弹性系数;E 为微悬臂材料的杨氏模量;l、w 和 t 分别为微悬臂的长、宽和厚。注意该公式只适用于矩形微悬臂,计算结果的精确度主要受微悬臂测量厚度及材料杨氏模量精确性的影响。对于特殊形状的微悬臂,如三角形,则需要借助更复杂的模型或利用有限元分析来获取其弹性系数。

2. Cleveland 法

Cleveland 法[24]也称附加质量法。该方法首先在微悬臂末端附加已知质量(M)的小球,然后测量附加小球后微悬臂的共振频率(f)。因小球的质量不同,附加小球后微悬臂的共振频率也不同。因此,通过附加一系列不同质量的小球后,将获得一系列相应的共振频率。由 f 对 M 作图即可利用方程式(9-7)计算得出微悬臂弹性系数(k)。

$$M = k(2\pi f)^{-2} - m^* \tag{9-7}$$

式中,m^* 为微悬臂的有效质量。对于材质均匀的矩形微悬臂,$m^* = 0.24\,m$,m 为微悬臂的质量。

3. Sader 法

微悬臂在真空和流体中的共振频率与流体的黏度和密度有关。Sader 等[22]利用这一规律并引入流体动力学函数,提出了计算微悬臂弹性系数(k)的求解方程式(9-8):

$$k = 0.1906\rho_f w^2 l Q_f \Gamma_i (2\pi f_f)(2\pi f_f)^2 \tag{9-8}$$

式中,ρ_f 为流体的密度;w 和 l 分别为微悬臂的宽度和长度;Q_f 为流体中微悬臂

振动的质量因数；Γ_i 为流体动力学函数的虚部；f_f 为微悬臂在该流体中的共振频率。

Sader 法对微悬臂及针尖没有损伤，而且也无需精确测量微悬臂的厚度及微悬臂材料的密度。同时空气本身就是一种流体，所以该方法在大气环境下即可实现。需要注意的是，Sader 法只适用于矩形微悬臂。

4. Hutter 法

Hutter 法[23]也称热噪声法，是通过记录当前环境温度以及微悬臂与周围环境处于热平衡状态下的热振动功率谱，分析计算得出微悬臂的弹性系数(k)。在该方法中，可将微悬臂近似等效为一个简谐振子。处于热平衡状态的谐振子对热噪声存在响应，根据能量均分定理及微悬臂在一阶固有频率下振动的幅值可得弹性系数表达式为

$$k = k_B T/P \tag{9-9}$$

式中，k_B 为玻尔兹曼常量；T 为热力学温度；P 为热振动功率谱的面积，可通过分析微悬臂共振时的功率谱得到。

Hutter 法操作简单，对微悬臂的形状和尺寸没有特殊要求，目前已经成为标定微悬臂弹性系数的一种常用方法。Hutter 法作为标准测量模块也已经集成在了商用 AFM 中。

9.7　AFM 样品制备

AFM 主要是研究材料的表面形貌和性能，因此样品表面的平滑与洁净对于获取高质量图像和准确的性能至关重要。特别是对于高分辨成像和微区性能表征，需要样品表面高度平滑。这里将介绍几种常用的高分子材料 AFM 制样方法。

9.7.1　溶液涂膜

聚合物溶液涂膜是常用的 AFM 制样技术之一。将聚合物配制成一定浓度的溶液，然后用旋转涂膜(spin-coating)或溶液铸膜(solution casting)方式制备所需的薄膜。用于涂膜的基板可以是载玻片、盖玻片、云母、硅片、高定向裂解石墨(HOPG)等，其中硅片的使用最为广泛。涂膜之前一般需先对硅片进行表面清洁或改性。例如，可利用组合溶剂法清洁硅片，即将硅片依次放入去污剂溶液、丙酮、异丙醇和去离子水中进行超声清洗。还可以利用 piranha 溶液、等离子体及紫外臭氧处理等

进行清洁及表面改性。依溶液浓度、溶剂极性及挥发速率、匀胶机转速及时间的不同，旋转涂膜可制备膜厚从几纳米至几百纳米的聚合物薄膜，并且制备的膜表面非常平滑，其粗糙度可低至零点几纳米。相比于旋转涂膜，溶液铸膜所制备的膜厚较大，一般为几百纳米至几十微米，粗糙度也较大。然而，无论哪种制膜方法，均需对膜进行彻底的干燥以清除溶剂。干燥后的膜通常可直接用于 AFM 测试。特殊情况下需进行进一步处理，如利用冷冻超薄切片（cryo-ultramicrotome）技术获取截面。

9.7.2　冷冻超薄切片

冷冻超薄切片是另一种常用的 AFM 制样技术。该技术比较适用于不易制成溶液的聚合物材料，如聚合物共混物和复合材料、聚合物纤维、聚合物膜等。该技术与用于透射电镜（TEM）制样的冷冻超薄切片技术一样，也是先将聚合物冷冻至其玻璃化转变温度以下，然后再以玻璃刀或钻石刀进行超薄切片。然而，与用于 TEM 测试的薄膜样品不同的是：AFM 样品既可以用切下来的薄膜，也可以用剩余的本体，并且 AFM 样品对切下来的薄膜的厚度基本没有要求，只需薄膜的表面或剩余本体的表面平滑即可。冷冻超薄切片过程中需要注意的是，为了防止聚合物在切刀剪切力的作用下发生形变，应至少低于聚合物组分的玻璃化转变温度 60℃以上进行冷冻。此外，对于纯塑料等样品，玻璃刀和钻石刀均可进行切片，但玻璃刀的同一部位一般只能切一个样品，多次使用时容易在聚合物表面留下刀痕而造成 AFM 假像。对于含碳纳米管、石墨烯及纳米粒子的聚合物复合材料，则尽量选用钻石刀进行切片。对于一些特殊样品和 AFM 测试过程中不易固定的样品，如聚合物纤维、聚合物膜等，可先对其进行包埋，然后再进行冷冻超薄切片。

9.7.3　液相样品制备

部分聚合物样品需在溶液中进行形貌和性能的表征。对于小样品，可以将一滴溶液滴在样品表面，然后将微悬臂及针尖浸入液滴后进行测试。另外，也可以将样品置入 AFM 自带或自制的液体槽中进行测试。利用 9.7.1 和 9.7.2 中的方法制备的样品均可进行液相测试。但无论哪种样品，都需要将其牢固地黏结在一个较大的基底上面，并使基底与样品台固定牢固。

参 考 文 献

[1]　Tsukruk V V, Singamaneni S. Scanning Probe Microscopy of Soft Matter: Fundamentals and Practices. Weinheim: Wiley-VCH, 2011.

[2]　Schönherr H, Vancso G J. Scanning Force Microscopy of Polymers. Berlin: Springer-Verlag, 2010.

[3]　彭昌盛, 宋少先, 谷庆宝. 扫描探针显微技术理论与应用. 北京: 化学工业出版社, 2007.

[4]　杨序纲, 杨潇. 原子力显微术及其应用. 北京: 化学工业出版社, 2012.

[5]　Golek F, Mazur P, Ryszka Z, et al. AFM image artifacts. Appl Surf Sci, 2014, 304: 11-19.

[6]　Habibullah H. 30 Years of atomic force microscopy: creep, hysteresis, cross-coupling, and vibration problems of piezoelectric tube scanners. Measurement, 2020, 159: 107776.

[7]　NT-MDT Spectrum Instruments. https://www.ntmdt-si.com/resources/spm-theory/theoretical-background-of-spm/2-scanning-force-microscopy-（sfm）/25-ultimate-resolution-in-contact-mode/252-effect-of-the-tip-curvature-radius-and-cone-angle. 2021-07-11.

[8]　Yacoot A, Koenders L. Aspects of scanning force microscope probes and their effects on dimensional measurement. J Phys D, 2008, 41: 103001.

[9]　Flater E E, Zacharakis-Jutz G E, Dumba B G, et al. Towards easy and reliable AFM tip shape determination using blind tip reconstruction. Ultramicroscopy, 2014, 146: 130-143.

[10]　Ramirez-Aguilar K A, Rowlen K L. Tip characterization from AFM images of nanometric spherical particles. Langmuir, 1998, 14: 2562-2566.

[11]　Colombi P, Alessandri I, Bergese P, et al. Self-assembled polystyrene nanospheres for the evaluation of atomic force microscopy tip curvature radius. Meas Sci Technol, 2009, 20: 084015.

[12]　Hubner U, Morgenroth W, Meyer H G, et al. Downwards to metrology in nanoscale: determination of the AFM tip shape with well-known sharp-edged calibration structures. Appl Phys A Mater Sci Process, 2003, 76: 913-917.

[13]　Wang Y, Chen X. Carbon nanotubes: a promising standard for quantitative evaluation of AFM tip apex geometry. Ultramicroscopy, 2007, 107: 293-298.

[14]　Markiewicz P, Goh M C. Atomic force microscope tip deconvolution using calibration arrays. Rev Sci Instrum, 1995, 66: 3186-3190.

[15]　Williams P M, Shakesheff K M, Davies M C, et al. Blind reconstruction of scanning probe image data. J Vac Sci Technol B, 1996, 14: 1557-1562.

[16]　Dongmo L S, Villarrubia J S, Jones S N, et al. Experimental test of blind tip reconstruction for scanning probe microscopy. Ultramicroscopy, 2000, 85: 141-153.

[17]　Bykov V, Gologanov A, Shevyakov V. Test structure for SPM tip shape deconvolution. Appl Phys A, 1998, 66: 499-502.

[18]　Mazeran P E, Odoni L, Loubet J L. Curvature radius analysis for scanning probe microscopy. Surf Sci, 2005, 585: 25-37.

[19]　宋云鹏, 吴森, 傅星, 等. AFM 微悬臂梁探针弹性系数各种标定方法的比较与分析. 传感技术学报, 2015, 28: 1161-1168.

[20]　尹大勇, 孙涛, 费维栋, 等. SPM 微悬臂弹性系数校准技术. 微纳电子技术, 2009, 46: 174-180.

[21]　Clifford C A, Seah M P. The determination of atomic force microscope cantilever spring constants via dimensional methods for nanomechanical analysis. Nanotechnology, 2005, 16: 1666-1680.

[22]　Sader J E, Larson I, Mulvaney P, et al. Method for the calibration of atomic force microscope cantilevers. Rev Sci Instrum, 1995, 66: 3789-3798.

[23]　Hutter J L, Bechhoefer J. Calibration of atomic-force microscope tips. Rev Sci Instrum, 1993, 64: 1868-1873.

[24]　Cleveland J P, Manne S, Bocek D, et al. A nondestructive method for determining the spring constant of cantilevers for scanning force microscopy. Rev Sci Instrum, 1993, 64: 403-405.

[25]　Torii A, Sasaki M, Hane K, et al. A method for determining the spring constant of cantilevers for atomic force

microscopy. Meas Sci Technol, 1996, 7: 179-184.

[26]   Ying Z C, Reitsma M G, Gates R S. Direct measurement of cantilever spring constants and correction for cantilever irregularities using an instrumented indenter. Rev Sci Instrum, 2007, 78: 063708.

[27]   Kim M S, Choi J H, Kim J H, et al. SI-traceable determination of spring constants of various atomic force microscope cantilevers with a small uncertainty of 1%. Meas Sci Technol, 2007, 18: 3351-3358.

关键词索引